21世纪高等学校物联网专业规划教材

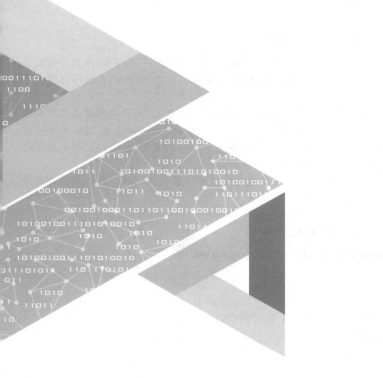

物联网工程
技术及开发实例

◎ 黄 静 编著

U0339950

清华大学出版社
北京

内 容 简 介

本书共分3篇,其中第1篇(第1~第3章)主要讲解物联网概论,第2篇(第4~第6章)主要讲解物联网的相关技术,第3篇(第7~第12章)通过6个实际发生的案例,讲解依托物联网技术、面向远程操作平台搭建的软硬件设计和操作。

全书内容包括物联网的定义及内涵、物联网产业环境以及发展现状与发展趋势、物联网重点应用领域与机遇、物联网核心技术、物联网关联技术、物联网关联辅助技术、工厂化食用菌生产厂数据采集开发实例、葡萄滴灌远程控制系统开发实例、基于 ZigBee 的元丰村物联网三网合一开发实例、农村水利灌溉区块控制系统开发实例、铁皮石斛培育系统开发实例、智慧农业平台系统开发实例。

本书既可以作为本科生物联网概论的教材,也可以作为电子信息和计算机等学科本科毕业设计的指导教材,还可以在实际中指导研究生从事网络平台的开发工作。

图书在版编目(CIP)数据

物联网工程技术及开发实例/黄静编著. —北京:清华大学出版社,2018(2023.1重印)
(21世纪高等学校物联网专业规划教材)
ISBN 978-7-302-49865-0

Ⅰ.①物… Ⅱ.①黄… Ⅲ.①互联网络-应用-高等学校-教材 ②智能技术-应用-高等学校-教材 Ⅳ.①TP393.4 ②TP18

中国版本图书馆 CIP 数据核字(2018)第 050854 号

责任编辑:刘 星 赵晓宁
封面设计:刘 键
责任校对:焦丽丽
责任印制:丛怀宇

出版发行:清华大学出版社
   网 址:http://www.tup.com.cn,http://www.wqbook.com
   地 址:北京清华大学学研大厦 A 座   邮 编:100084
   社 总 机:010-83470000   邮 购:010-62786544
   投稿与读者服务:010-62776969,c-service@tup.tsinghua.edu.cn
   质量反馈:010-62772015,zhiliang@tup.tsinghua.edu.cn
   课件下载:http://www.tup.com.cn,010-83470236
印 装 者:三河市君旺印务有限公司
经 销:全国新华书店
开 本:185mm×260mm 印 张:12.5   字 数:297 千字
版 次:2018 年 9 月第 1 版   印 次:2023 年 1 月第 5 次印刷
印 数:3001~3500
定 价:39.00 元

产品编号:069302-01

前言
FOREWORD

 本书是编者多年物联网教学、科研从业的经验结晶。在从事本科生物联网工程概论的教学中，参阅了大量书籍，特别是中国物联网研究发展中心出版的《中国物联网产业发展年度蓝皮书》(2013—2015 年版)，给了编者对物联网整体概念的把握和研究趋势的指引，只是蓝皮书非常贵，远非本科生所能承受，因此，每年追踪蓝皮书，将我国权威机构对物联网发展的政策导向、关键技术和发展趋势阅读整理并填补到授课的教案就成了常规事务。

 编者自身有传感器、计算机网络、大型软件平台架构、通信等专业背景，以前一直苦于学的偏杂，难以聚焦成高层次的研究方向，是物联网带来了福音，让编者有机会将所学、所研充分整合，架构网络平台开发大型支撑系统，触角伸到各个节点的软硬件功能和性能的提升，依赖不同网络的层次协议的制定，游刃有余地从事多种应用开发，并取得多项成果。将自己掌握的技术汇总提炼出来，让所学者有据可依、有实例可参考成为编者撰写本书的初衷。

 感谢编者带的浙江大学研究生温琪、赵海丹、陈秋红、裘剑生和章璐杰，感谢浙江理工大学的陈汉伟、李炳、郭明扬、牛鸽、岳梦婕、郦淼良、刘琴琴、蔡立雄和陈智威，是他们和老师一起完成了大量案例的开发过程，积累了大量资料并整理展示出来，在成就自己的同时为实验室留下了宝贵财富。感谢浙江大学周亦卿、大楼 308 实验室与浙江理工大学 10 号楼 305 实验室的全体本科生和研究生，大家的努力成就了这本书的出版。

编 者

2018 年 3 月

目录
CONTENTS

第1篇　物联网概论

第1章　物联网的定义及内涵 …………………………………………………………… 3

　1.1　物联网的起源 ……………………………………………………………………… 3

　　1.1.1　物联网与互联网 …………………………………………………………… 3

　　1.1.2　物联网发展历程 …………………………………………………………… 5

　1.2　物联网概述 ………………………………………………………………………… 6

　　1.2.1　物联网的基本特征 ………………………………………………………… 6

　　1.2.2　物联网的基本概念 ………………………………………………………… 7

　　1.2.3　物联网的体系结构 ………………………………………………………… 8

　1.3　物联网的应用领域 ……………………………………………………………… 11

　　1.3.1　云计算应用简介 …………………………………………………………… 11

　　1.3.2　大数据应用简介 …………………………………………………………… 13

　　1.3.3　移动互联网应用简介 ……………………………………………………… 15

　　1.3.4　其他应用简介 ……………………………………………………………… 16

　1.4　物联网的标准 …………………………………………………………………… 18

　　1.4.1　物联网标准体系 …………………………………………………………… 18

　　1.4.2　物联网标准化组织 ………………………………………………………… 21

　　1.4.3　物联网标准化进展 ………………………………………………………… 26

第2章　物联网产业环境、发展现状与发展趋势 ………………………………………… 29

　2.1　中国物联网产业 ………………………………………………………………… 29

　　2.1.1　中国物联网产业发展的经济和科技环境 ………………………………… 29

　　2.1.2　中国物联网产业发展的政策和社会环境 ………………………………… 30

　　2.1.3　中国物联网环境发展的投资环境 ………………………………………… 32

　　2.1.4　中国物联网产业与发展现状 ……………………………………………… 33

2.2 全球物联网产业 ··· 36
  2.2.1 全球物联网产业发展的经济和科技环境 ··· 36
  2.2.2 全球物联网产业发展的政策和社会环境 ··· 37
  2.2.3 全球物联网产业发展的投资环境 ··· 38
  2.2.4 全球物联网产业与企业发展现状 ··· 38
2.3 物联网发展趋势 ··· 40
  2.3.1 中国物联网发展趋势 ·· 40
  2.3.2 全球物联网发展趋势 ·· 42

第3章 物联网重点应用领域与机遇 ··· 44

3.1 物联网重点应用领域 ·· 44
  3.1.1 物联网医疗 ·· 44
  3.1.2 物联网家居 ·· 46
  3.1.3 物联网金融 ·· 49
  3.1.4 物联网电商 ·· 53
  3.1.5 物联网其他应用 ··· 56
3.2 中国物联网产业重点发展区域 ··· 58
  3.2.1 环渤海地区 ·· 59
  3.2.2 长三角地区 ·· 61
  3.2.3 珠三角及周边地区 ·· 61
  3.2.4 其他地区 ·· 64

第2篇 物联网技术

第4章 物联网核心技术 ··· 69

4.1 物联网技术架构 ··· 69
4.2 感知层核心技术 ··· 70
  4.2.1 传感器技术 ·· 70
  4.2.2 二维条码 ·· 71
  4.2.3 RFID 技术 ··· 73
4.3 共性支撑层核心技术 ·· 73
  4.3.1 中间件技术 ·· 73
  4.3.2 物联网安全 ·· 74
4.4 应用层核心技术 ··· 76
  4.4.1 M2M 技术 ··· 76
  4.4.2 人工智能技术 ·· 78

第5章 物联网关联技术 ··· 81

5.1 云计算技术 ··· 81

　　　　5.1.1　云计算概念和特点 ………………………………………… 81

　　　　5.1.2　物联网发展历程和现状 …………………………………… 82

　　　　5.1.3　云计算的关键技术 ………………………………………… 86

　　　　5.1.4　云计算应用领域 …………………………………………… 88

　　5.2　大数据技术 …………………………………………………………… 89

　　　　5.2.1　大数据概念探讨 …………………………………………… 89

　　　　5.2.2　大数据发展历程和现状 …………………………………… 90

　　　　5.2.3　大数据关键技术 …………………………………………… 91

　　　　5.2.4　大数据应用领域 …………………………………………… 92

　　5.3　移动互联网技术 ……………………………………………………… 93

　　　　5.3.1　移动互联网概念及影响 …………………………………… 93

　　　　5.3.2　移动互联网的发展历程及现状 …………………………… 94

第 6 章　物联网关联辅助技术 ………………………………………………… 95

　　6.1　GIS 技术 ……………………………………………………………… 95

　　　　6.1.1　GIS 的基本概念和特点 …………………………………… 95

　　　　6.1.2　GIS 的发展现状 …………………………………………… 95

　　　　6.1.3　GIS 的关键技术 …………………………………………… 97

　　　　6.1.4　GIS 的应用领域 …………………………………………… 98

　　6.2　RFID 技术 …………………………………………………………… 100

　　　　6.2.1　RFID 的基本概念和特点 ………………………………… 100

　　　　6.2.2　RFID 的发展历程 ………………………………………… 100

　　　　6.2.3　RFID 的关键技术 ………………………………………… 100

　　　　6.2.4　RFID 的应用领域 ………………………………………… 101

　　6.3　ZigBee 技术 ………………………………………………………… 101

　　　　6.3.1　ZigBee 的基本概念和特点 ……………………………… 101

　　　　6.3.2　ZigBee 的发展现状 ……………………………………… 104

　　　　6.3.3　ZigBee 的关键技术 ……………………………………… 105

　　　　6.3.4　ZigBee 的应用领域 ……………………………………… 112

　　6.4　中间件技术 …………………………………………………………… 113

　　　　6.4.1　中间件 ……………………………………………………… 113

　　　　6.4.2　中间件关键实现技术 ……………………………………… 114

　　　　6.4.3　中间件三层模式 …………………………………………… 114

　　　　6.4.4　物联网与中间件 …………………………………………… 114

第 3 篇　案　　例

第 7 章　工厂化食用菌生产厂数据采集开发实例 ………………………… 117

　　7.1　案例背景 ……………………………………………………………… 117

7.2 拓扑结构 ·· 118

7.3 组成与方案 ·· 119

    7.3.1 开发环境与框架 ··· 119

    7.3.2 数据采集平台模块 ··· 120

7.4 实施方案 ·· 123

    7.4.1 登录验证模块 ··· 123

    7.4.2 系统主界面模块 ··· 124

    7.4.3 栽培库配置模块 ··· 124

    7.4.4 数据监测模块 ··· 125

7.5 应用价值 ·· 126

第 8 章 葡萄滴灌远程控制系统开发实例 ························· 127

8.1 案例背景 ·· 127

8.2 采集与控制过程 ·· 128

8.3 组成与方案 ·· 129

8.4 实施方案 ·· 130

8.5 应用价值 ·· 131

第 9 章 基于 ZigBee 的元丰村物联网三网合一开发实例 ·········· 133

9.1 案例背景 ·· 133

9.2 服务器协议 ·· 134

    9.2.1 TCP/IP 通信协议 ··· 134

    9.2.2 Socket 编程 ··· 142

    9.2.3 485 通信协议 ··· 148

    9.2.4 协议设定 ··· 151

9.3 组成与方案 ·· 153

9.4 实施方案 ·· 154

9.5 应用价值 ·· 158

第 10 章 农村水利灌溉区块控制系统开发实例 ···················· 159

10.1 案例背景 ·· 159

10.2 Visual Basic 系统 ·· 160

10.3 组成与方案 ·· 161

10.4 实施方案 ·· 164

10.5 应用价值 ·· 167

第 11 章 铁皮石斛培育系统开发实例 ···························· 168

11.1 案例背景 ·· 168

11.2 视频、长度识别 ·· 168

　　　　11.2.1　图像采集 ·· 168

　　　　11.2.2　幼苗识别与测量 ······································ 169

　　11.3　组成与方案 ·· 171

　　11.4　实施方案 ·· 172

　　11.5　应用价值 ·· 173

第 12 章　智慧农业平台系统开发实例 ····························· 174

　　12.1　案例背景 ·· 174

　　12.2　LNMP 架构 ··· 176

　　　　12.2.1　基于 Nginx 的静态服务器 ························ 177

　　　　12.2.2　基于改进的 MVC 模型的应用服务 ················ 178

　　　　12.2.3　基于 ORM 的数据库 ···························· 180

　　12.3　组成与方案 ·· 181

　　12.4　实施方案 ·· 183

　　　　12.4.1　采集控制模块的实施 ····························· 183

　　　　12.4.2　服务器模块的实施 ······························· 183

　　　　12.4.3　Web 应用软件模块的实施 ······················ 184

　　12.5　应用价值 ·· 187

参考文献 ··· 189

第 1 篇

物联网概论

第1章
CHAPTER 1
物联网的定义及内涵

1.1 物联网的起源

1.1.1 物联网与互联网

因特网始于 1969 年的美国,是美军在 ARPANET(由美国国防部高级研究计划局组建)制定的协定下,首先用于军事连接,后来将美国西南部的加利福尼亚大学洛杉矶分校、斯坦福大学研究学院、加利福尼亚大学和犹他州大学的 4 台主要的计算机连接起来。ARPANET 协定由剑桥大学的 BBN 和 MA 执行,在 1969 年 12 月开始联机。实际上 Internet 表示的意思是互联网,又称网际网路,根据音译也叫做因特网,是将网络与网络串连而成的庞大网络,这些网络以一组通用的协议相连,形成逻辑上单一且巨大的全球化网络,在这个网络中有交换机、路由器等网络设备以及各种不同的连接链路、种类繁多的服务器和数不尽的计算机和终端。使用互联网可以将信息瞬间发送到千里之外的人手中,它是信息社会的基础。通常 internet 泛指互联网,而 Internet 则特指因特网。这种将计算机网络互相连接在一起的方法称为"网络互联",在此基础上发展出覆盖全世界的全球性互联网络,称为互联网,即互相连接在一起的网络结构。

互联网最初指的是通过 TCP/IP 协议将异机种计算机连接起来,实现计算机之间资源共享的网络技术。互联网包括一个分组数据网(IP 网)和用于进程复用的 TCP(UDP)协议,互联网还包括基于 IP 数据分组技术和使用 TCP/IP 的全部业务和应用。从这个定义出发,不使用 IP 网和不使用 TCP/IP 协议的网络不能称为互联网。互联网是 20 世纪最伟大的发明之一,自 20 世纪 90 年代以来,互联网高速发展,与全球化深入交织,对生产生活、科技创新、社会服务和文化传播产生了深远影响,推动了世界发展格局巨大变迁和人类社会向信息社会的深刻转型。

物联网即"物物相连的网络"。"物联网"是在"互联网"的基础上,将其用户端延伸和扩展到任何物品与物品之间,进行信息交换和通信的一种网络概念。其定义是:通过射频识别(RFID)、红外感应器、全球定位系统、激光扫描器等信息传感设备,按约定的协议把任何物品与互联网相连接,进行信息交换、计算、处理和知识挖掘,以实现智能化识别、定位、跟踪、监控和管理,达到对物理世界实时控制、精确管理和科学决策的目的,实现人与人、人与物、物与物之间的信息交互和无缝链接。物联网应用系统是运行在互联网核心交换结构基础上的。在如智能交通、物流、公共安全、设备检测等领域应用比较广泛,可以使未来的世界变得更智能。物联网被称为继计算机、互联网之后,世界信息产业的第三次浪潮。

物联网在 ITU-T 中写成 Internet of things,从而很容易理解成物联网是互联网向物体世界的延伸,目前的互联网中就有大量的物与物的通信,如果从这一点出发,物联网只要对互联网作适当的延伸就可以了。但事实上,物联网与互联网在技术需求上又有很大不同,物联网很难从目前的互联网延伸而来,尤其是互联网的承载网(端到端)是单一的,它是 IP 网;而物联网的承载网(端到端)无论如何不可能是单一的承载网。互联网与物联网的区别主要表现在以下几个方面。

(1) 从终端系统接入方式来看。互联网用户通过端系统的服务器、台式机、笔记本和移动终端访问互联网资源,发送或接收电子邮件;阅读新闻;写博客或读博客;通过网络电话通信;在网上买卖股票,订机票、酒店。而物联网中的传感器节点需要通过无线传感器网络的汇聚节点接入互联网;RFID 芯片通过读写器与控制主机连接,再通过控制节点的主机接入互联网。因此,由于互联网与物联网的应用系统不同,所以接入方式也不同。物联网应用系统将根据需要选择无线传感器网络或 RFID 应用系统接入互联网。

(2) 从所提供的服务功能来看,无论是基本的互联网服务功能(如 Telnet、E-mail、FTP、Web 与基于 Web 的电子政务、电子商务、远程医疗、远程教育),还是基于对等结构的 P2P 网络新应用(如网络电话、网络电视、博客、播客、即时通信、搜索引擎、网络视频、网络游戏、网络广告、网络出版、网络存储与分布式计算服务等),主要是实行人与人之间的信息交互与共享,因此在互联网端节点之间传输的文本文件、语音文件、视频文件都是由人输入的,即使是通过扫描和文字识别 OCR 技术输入的文字或图形、图像文件,也都是在人的控制之下完成的。而物联网的端系统采用的是传感器和 RFID,因此物联网感知的数据是传感器主动感知或者是 RFID 读写器自动读出的。由此可见,在网络端系统数据采集方式上互联网与物联网是有区别的。

(3) 从技术现状来看,物联网涉及的技术种类包括无线技术、互联网、智能芯片技术和软件技术,几乎涵盖了信息通信技术的所有领域。物联网目前更多的是依赖于"无线网络"技术,各种短距离和长距离的无线通信技术是采用智能计算技术对信息进行分析处理,从而提升对物质世界的感知能力并实现智能化的决策和控制。

总体来说,互联网着重信息的互联、互通和共享,解决的是人与人的信息沟通问题;物联网则是通过人与人、人与物、物与物的相连,解决的是信息化的智能管理和决策控制问题。物联网比互联网技术更复杂、产业辐射面更宽、应用范围更广,对经济社会发展的带动力和影响力更强。

物联网和互联网发展有一个最本质的不同点,即两者发展的驱动力不同。互联网发展的驱动力是个人,因为互联网的开放性和人人参与的理念,互联网的生产者和消费者在很大程度上是重叠的,极大地激发了以个人为核心的创造力。而物联网的驱动力必须是来自企业,因为物联网的应用都是针对实物的,而且涉及的技术种类比较多,在把握用户的需求以及实现应用的多样性方面有一定的难度。物联网的实现首先需要改变的是企业的生产管理模式、物流管理模式、产品追溯机制和整体工作效率。实现物联网的过程,其实是一个企业真正利用现代科学技术进行自我突破与创新的过程。

物联网的发展推动了工业化和信息化的结合。从某种意义上来说,互联网是物联网灵感的来源；同时，物联网的发展又进一步推动互联网向一种更为广泛的"互联"演进。这样一来，人们不仅可以和物体"对话"，物体和物体之间也能"交流"。物联网的应用是虚拟的，而物联网的应用是针对实物的。这个差异形成了两者的应用在成本上的差异。互联网需要购买服务器、处理器以及各种技术，而物联网针对实物的成本会稍微小一些。

1.1.2　物联网发展历程

　　回顾历史，不知是巧合还是有意，在大的危机之后，总会有新的行业诞生，引领和支撑经济的复苏、发展，从而带动社会进入新的经济上升周期。20 世纪末，一系列新兴市场遭受金融危机的冲击后，诞生了互联网这一新兴行业。而在这次人类历史上数一数二的金融危机余波未了时，在人们热切关注新能源行业发展时，又出现一个新名词和新概念，即物联网。物联网逐渐成为了人们眼中的"救世主"，尽管仍有一些学术界或者是技术精英对这种说法莫衷一是，但不可否认的是，包括美国在内的一些国家正在试图通过"物联网"走出经济的泥潭。信息产业的每一次跨越都不是技术上的偶然发明，而是国家发展战略结出的硕果。

　　物联网的发展，从一开始就是和信息技术、计算机技术，特别是网络技术密切相关。"计算模式每隔 15 年发生一次变革"这个被称为"15 年周期定律"的观点，一经美国国际商业机器公司（即 IBM）前首席执行官郭士纳提出，便被认为同英特尔创始人之一的戈登·摩尔提出来的摩尔定律一样准确，并且都同样经过历史的检验。摩尔定律的内容为：集成电路上可容纳的晶体管数目，约每隔 18 个月便会增加一倍，性能也将提升一倍。纵观历史，1965 年前后发生的变革以大型机为标志，1980 年前后以个人计算机的普及为标志，而 1995 年前后则发生了互联网革命。每一次的技术变革又都引起企业、产业甚至国家间竞争格局的重大动荡和变化，而 2010 年发生的变革极有可能出现在物联网领域，如图 1.1 所示。

图 1.1　15 年周期定律

　　从 1999 年概念的提出到 2010 年的崛起，物联网经历了 10 年发展历程，特别是最近几年的发展极其迅速，不再停留在单纯的概念、设想阶段，而是逐渐成为国家战略和政策扶植的对象。表 1.1 列出了物联网发展历程中的关键点。

表 1.1　物联网发展关键点

时　间	事　件
2005 年	国际电信联盟发布了《ITU 互联网报告 2005：物联网》，引用了"物联网"的概念，并且指出无所不在的"物联网"通信时代即将来临。然而，报告对物联网缺乏一个清晰的定义，但覆盖范围有了较大的拓展

时　间	事　件
2009 年年初	美国国际商业机器公司(即 IBM)提出了"智慧的地球"概念,认为信息产业下一阶段的任务是把新一代信息技术充分运用到各行各业之中,具体就是把传感器嵌入和装备到电网、铁路、桥梁、隧道、公路、建筑、供水系统、大坝、油气管道等各种物体中,并且被普遍连接,形成物联网
2009 年 6 月	欧盟委员会向欧盟议会、理事会、欧洲经济和社会委员会及地区委员会递交了《欧盟物联网行动计划》,其目的是希望欧洲通过构建新型物联网管理框架来引领世界"物联网"发展
2009 年 8 月	日本提出"智慧泛在"构想,将传感网列为国家重要战略,致力于一个个性化的物联网智能服务体系
2009 年 8 月	国务院总理温家宝来到中国科学院无锡研发中心考察,指出关于物联网可以尽快去做 3 件事情:一是把传感系统和 3G 中的 TD 技术结合起来;二是在国家重大科技专项中,加快推进传感网发展;三是尽快建立中国的传感信息中心,或者叫"感知中国"中心
2009 年 10 月	韩国通信委员会通过《物联网基础设施构建基本规划》,将物联网确定为新增长动力,树立了"通过构建世界最先进的物联网基础实施,打造未来广播通信融合领域超一流信息强国"的目标
2010 年 3 月	国务院总理温家宝在《政府工作报告》中,将"加快物联网的研发应用"明确纳入重点产业振兴,表明物联网已经被提升至国家战略高度,中国开启物联网元年

1.2　物联网概述

1.2.1　物联网的基本特征

物联网的核心是物与物以及人与物之间的信息交互,其基本特征可简要概括为全面感知、可靠传送和智能处理,如表 1.2 所示。

表 1.2　物联网的 3 个特征

特　征	描　述
全面感知	利用射频识别、二维码、传感器等感知、捕获、测量技术随时随地对物体进行信息采集和获取
可靠传送	通过将物体接入信息网络,依托各种通信网络,随时随地进行可靠的信息交互和共享
智能处理	利用各种智能计算技术,对海量的感知数据和信息进行分析并处理,实现智能化的决策和控制

由上述 3 个特征,物联网大致被分为以下 3 个层次。

(1)用来感知数据的感知层,是物联网发展和应用的基础,可以类比为人的各种感觉器官,运用不止一种传感感知技术与标识识别技术,实现对现实世界信息的感知与识别,并将被采集识别的物体或环境特征等信息进行预处理。感知层的主要功能为感知和标识功能,通过射频识别、传感器控制、二维码识别以及短距离无线传输通信技术实现。可感知或标识的信息类别大致为温度、湿度、压力、气体浓度、视频、音频、环境测距、加速度、经纬度、化学组分、呼吸、心跳、血压、疲劳度等;采集方式为功能各异的智能型传感器,包括二维码识读器、射频识别读写器、摄像头、GPS、指纹及面部识别、物理量传感器、生物特征传感器等。

（2）数据交换处理和通信的中间层运用可靠性高、安全性高的实现感知信息的相互传送，涵盖多种无线传输技术、有线传输技术、信息交换技术、网络组织技术等不限于介质的互联网、数据中心、管理中心及对应数据处理的云计算平台，实现数据交换的畅通性。该层的感知数据管理与处理技术是实现物联网功能的关键。感知数据管理与处理技术主要包括感知数据的存储、分析、理解、挖掘以及感知数据库的决策和行为的理论。作为物联网发展的核心平台云计算平台，能大量存储、快速分析海量感知数据，是物联网网络层的重要组成部分，也是应用层众多应用发展的基础。

（3）最上层是功能应用层，信息进行人机交互发生的问题在本层解决。物联网核心支撑技术是大量感知识别信息的快速和高效处理，体现在行业服务和应用这两个方面。运用云计算技术、模糊识别技术等各种智能计算技术，对大量的信息数据给予分析及处理，用来完成对任何物体的控制管理智能化。把经过分析处理的数据为应用层所用，提供各种各样的应用给用户，把个人、企业信息化需求与物联网技术相结合，依据行业自身特点将物体及环境信息进行整合处理，构建适用于各行各业的可定制应用系统。例如，构建基于消防报警、物体识别、地理位置及消防人员、装备设施信息物联的远程消防监控与指挥调度系统；构建基于物体识别及地理信息等参数的现代化仓储、物流监控管理系统；构建基于远程控制、全息影像、生物识别等相关子系统的现代远程医疗体系；构建基于农产品自主微环境可控调节及过程可追溯的现代农业生产体系；构建基于家庭智能控制及安全需求的智能家庭与社区智能防范系统；构建基于机器人技术、复杂电磁环境下各波长通信技术、无人机技术等的现代战争作战指挥系统；构建物流监控、智能环境、智能交通、手机钱包、高速不停车收费系统等。

物联网的 3 个层次并没有一个明确的界限，具有松散、灵活的层次结构。在某些情况下感知层与应用层在物理空间上是同一物体，通过自连接完成信息交换，在形式上根本无法找出明确的中间层。灵活的结构为物联网在各行各业的普及应用提供了快速实施的可能，为已部署且未被认识的物联网提供了方便的扩展形式。

1.2.2　物联网的基本概念

物联网自诞生以来，已经引起巨大关注，被认为是继计算机、互联网和移动通信网之后的又一次信息产业浪潮。有关资料表明，国内外普遍认为物联网是麻省理工学院 Ashton 教授于 1999 年最早提出来的，其理念是基于射频识别技术、电子代码（EPC）等技术，在互联网的基础上构造一个实现全球物品信息实时共享的实物互联网，即物联网。此设想有两层意思：一是物联网的核心和基础是互联网，是在互联网基础上的延伸和扩展的网络；二是其用户端延伸和扩展到了任何物体与物体之间，并进行信息交换和通信。2010 年温总理在十一届人大第三次会议上所作政府工作报告中对物联网做了这样的定义：物联网是指通过信息传感设备，按照约定的协议，把任何物品与互联网连接起来，进行信息交换和通信，以实现智能化识别、定位、跟踪、监控和管理的一种网络。它是在互联网基础上延伸和扩展的网络。

除了上面的定义之外，还有一些具体环境下物联网的定义。

欧盟定义：将现有互联的计算机网络扩展到互联的物品网络。

国际电信联盟(ITU)的定义：物联网主要解决物品到物品(Thing to Thing,T2T)、人到物品(Human to Thing,H2T)、人到人(Human to Human,H2H)之间的互联。这里与传统互联网不同的是,H2T是指人利用通用装置与物品之间的连接,H2H是指人之间不依赖于个人计算机而进行的互连。需要利用物联网才能解决的是传统意义上的互联网没有考虑的、对于任何物品连接的问题。物联网是连接物品的网络,有些学者在讨论物联网时,常常提到M2M的概念,可以解释成为人到人(Man to Man)、人到机器(Man to Machine)和机器到机器(Machine to Machine)。本质上,在人与机器、机器与机器的交互,大部分是为了实现人与人之间的信息交互。

ITU物联网研究组的定义：物联网的核心技术主要是普适网络、下一代网络和普适计算。这3项核心技术的简单定义如下,普适网络是指无处不在的、普遍存在的网络;下一代网络是指可以在任何时间、任何地点互连任何物品,提供多种形式信息访问和信息管理的网络;普适计算是指无处不在的、普遍存在的计算。其中下一代网中"互连任何物品"的定义是ITU物联网研究组对下一代网络定义的扩展,是对下一代网络发展趋势的高度概括。从现在已经成为现实的多种装置的互联网络,如手机互连、移动装置互连、汽车互连、传感器互连等,都揭示了下一代网络在"互连任何物品"方面的发展趋势。

目前国内外对物联网还没有一个统一公认的标准定义,但从物联网的本质分析,物联网是现代信息技术发展到一定阶段才出现的一种聚合性应用与技术提升,它是将各种感知技术、现代网络技术和人工智能与自动化技术聚合与集成应用,使人与物智慧对话,创造一个智慧的世界。因此,物联网技术的发展几乎涉及了信息技术的方方面面,是一种聚合性、系统性的创新应用与发展,因此被称为信息产业的第三次革命性创新。其本质主要体现在3个方面:一是互联网特征,即对需要联网的物一定要能够实现互联互通的互联网络;二是识别与通信特征,即纳入物联网的"物"一定要具备自动识别和物物通信的功能;三是智能化特征,即网络系统应具有自动化、自我反馈与智能控制的特点。

总之,物联网可以概括为通过传感器、射频识别技术、全球定位系统等技术,实时采集任何需要监控、连接、互动的物体或过程的声、光、热、电、力学、化学、生物、位置等各种需要的信息,通过各种可能的网络接入,实现物与物、物与人的泛在连接,从而实现对物品和过程的智能化感知、识别和管理。

因此,物联网初步定义是通过射频识别、红外感应器、全球定位系统、激光扫描器等信息传感设备,按约定的协议,把任何物体与互联网相连接,进行信息交换和通信,以实现对物体的智能化识别、定位、跟踪、监控和管理的一种网络。需特别注意的是,物联网中的"物",不是普通意义上的万事万物,这里的"物"要满足以下条件:要有相应信息的接收器;要有数据传输通路;要有一定的存储功能;要有处理运算单元(CPU);要有操作系统;要有专门的应用程序;要有数据发送器;遵循物联网的通信协议;在世界网络中有可被识别的唯一编号。

1.2.3　物联网的体系结构

物联网包括物联网感知层、物联网网络层、物联网应用层,如图1.2所示。

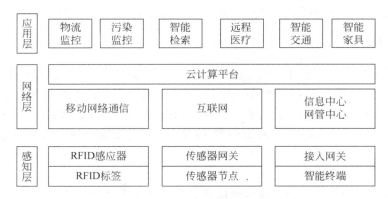

图 1.2 物联网结构框图

感知层：数据采集与感知主要用于采集物理世界中发生的物理事件和数据，包括各类物理量、标识、音频/视频数据。物联网的数据采集涉及传感器、射频识别、多媒体信息采集、二维码和实时定位等技术。

网络层：实现更加广泛的互联功能，能够把感知到的信息无障碍、高可靠性、高安全性地进行传送，需要传感器网络与移动通信技术、互联网技术相融合。经过 10 余年的快速发展，移动通信、互联网等技术已比较成熟，基本能够满足物联网数据传输的需要。

应用层：主要包含应用支撑平台子层和应用服务子层。其中应用支撑平台子层用于支撑跨行业、跨应用、跨系统之间的信息协同、共享、互通的功能。应用服务子层包括智能交通、智能医疗、智能家居、智能物流、智能电力等行业应用。

公共技术：不属于物联网技术的某个特定层面，而是与物联网技术架构的 3 层都有关系，它包括标识与解析、安全技术、网络管理和服务质量（QoS）管理。

在 IBM 2010 年大中华区研发中心开放日活动中，希望对在物联网世界里会用到的一些关键技术领域进行深入的探讨和展望。IBM 大中华区首席技术官、IBM 中国研究院院长李实恭在接受 51CTO.com 记者专访时谈到：物联网的重点在于这个"网"字，如果只有物没有网，那未来将是非常可怕的现象。IBM 在多年的研究积累和时间中提炼出了 8 层物联网参考架构。

从层次的维度理解，这 8 层架构之间大部分情况下有一定的依赖关系，从域的维度理解，由于信息在它们之间有时并不需要依次通过它们之间进行传递和处理，因此它们也可以是网状关系。

1. 传感器/执行器层

物联网中任何一个物体都要通过感知设备获取相关信息以及传递感应到的信息给所有需要的设备或系统。传感器/执行器层是最直接与周围物体接触的域。传感器除了传统的传感功能外，还要具备一些基本的本地处理能力，使得所传递的信息是系统最需要的，从而使传递网络的使用更加优化。

2. 传感网层

传感网层是传感器之间形成的网络。这些网络有可能根据公开协议，如 IP，也有可能基于一些私有协议。其目的就是使传感器之间互联互通以及传递感应信息。

3. 传感网关层

由于物联网世界里的对象是身边的每一个物理存在的实体,因此物联网感知到的信息量将会是巨大的、五花八门的。如果传感器将这些信息直接传递给所需要的系统,那么将会对网络造成巨大的压力和不必要的资源浪费。因此,最好的方法是通过某种程度的网关将信息进行过滤、协议转换、信息压缩加密等,使信息更优化和安全地在公共网络上传递。

4. 广域网络层

在广域网络层中主要是为了将感知层的信息传递到需要信息处理或者业务应用的系统中。可以采用 IPv4 或者 IPv6。

5. 应用网关层

在传输过程中为了更好地利用网络资源以及优化信息处理过程,设置局部或者区域性的应用网关。目的有两个:一是信息汇总与分发;二是进行一些简单信息处理与业务应用的执行,最大限度地利用 IT 与通信资源,提高信息的传输和处理能力,提高可靠性和持续性。

6. 服务平台层

服务平台层是为了使不同的服务提供模式得以实施,同时把物联网世界中的信息处理方面的共性功能集中优化,缓解传统应用系统或者应用系统整合平台的压力。这样使得应用系统不必因为物联网的出现而做大的修改,能够更充分地利用已有业务应用系统支持物联网的应用。

7. 应用层

应用层包括各种不同业务或者服务所需要的应用处理系统。这些系统利用传感器返回的信息进行处理、分析、执行不同的业务,并把处理的信息再反馈给传感器进行更新,以及对终端使用者提供服务,使得整个物联网的每个环节都更加连续和智能。这些业务应用系统一般都是在企业内部、外部被托管或者共享的 IT 应用系统。

8. 分析与优化层

在物联网世界中,从信息的业务价值和 IT 信息处理的角度看,物联网与互联网最大的不同就是信息和信息量。物联网的信息来源广阔,信息是海量的,在这种情况下如何利用信息更好地为人类服务,就是基于信息分析和优化的基础上。传统的商业智能也是对信息进行分析以及进行业务决策,但是在物联网中,基于传统的商业智能和数据分析又是远远不够的,因此需要更智能化的分析能力,基于数学和统计学的模型进行分析、模拟和预测。信息越多就越需要更好地优化,这样才能更具价值。

综上,可以得到图 1.3 所示的物联网框架模型。这里进一步细分物联网的服务功能,将其划分为感知识别层、网络构建层、管理服务层和创新应用层。再根据 IBM 提出的物联网8 层结构,分别进行对应层次的划分,最终得到物联网框架模型。

应用 服务层	创新应用	分析与优化层	物联网世界中,信息来源广阔,是海量的,基于传统的商业智能和数据分析是远远不够的,因此需要更智能化的分析能力,基于数学和统计学的模型进行分析、模拟和预测
		应用层	应用层包括各种不同业务或服务所需要的应用处理系统。这些系统利用传感的信息进行处理、分析、执行不同的业务,并把处理的信息再反馈给传感器进行更新,使得整个物联网的每个环节都更加连续和智能
网络 传输层	管理服务	服务平台层	服务平台层是为了使不同的服务提供模式得以实施,同时把物联网世界中的信息处理方面的共性功能进行集中优化,使应用系统不需要因为物联网的出现而做大的修改,能够更充分地利用已有业务应用系统,支持物联网的应用
		应用网关层	在传输过程中为了更好地利用网络资源以及优化信息处理过程,设置局部或者区域性的应用网关,一是信息汇总与分发,二是进行一些简单信息处理与业务应用的执行,最大限度地利用 IT 与通信资源,提高信息的传输和处理能力,提高可靠性和持续性
	网络构建	广域网络层	在这一层中主要是为了将感知层的信息传递到需要信息处理或者业务应用的系统中。可以采用 IPv4 或者 IPv6
		传感网关层	由于物联网世界里的对象是实体,因此感知到的信息量将会是巨大的、各式各样的,通过某种程度的网关将信息进行过滤、协议转换、信息压缩加密等,使得信息更优化并且安全地在公共网络上传递
感知 控制层	感知识别	传感网层	这是传感器之间形成的网络。这些网络有可能根据公开协议,如 IP,也有可能基于一些私有协议。其目的就是使传感器之间互联互通以及传递感应信息
		传感器/ 执行器层	物联网中任何一个物体都要通过感知设备获取相关信息以及传递感应到的信息给所有需要的设备或系统。传感器除了传统的传感功能外,还要具备一些基本的本地处理能力,使得所传递的信息是系统最需要的,从而使传递网络的使用更加优化

图 1.3 物联网框架模型

1.3 物联网的应用领域

物联网的本质就是深度信息化,信息化就是信息技术的普遍应用。物联网把新一代 IT 技术充分运用在各行各业之中,具体地说,就是把感应器嵌入和装备到电网、铁路、桥梁、隧道、公路、建筑、供水系统、大坝、油气管道等各种物体中,然后将物联网与现有的互联网整合起来,实现人类社会与物理系统的整合,在整合的网络中,存在能力超级强大的中心计算机群,能够对整合网络内的人员、机器、设备和基础设施实施实时的管理和控制,在此基础上人类可以以更加精细和动态的方式管理生产和生活,达到"智慧"状态,提高资源利用率和生产力水平,改善人与自然之间的关系。

1.3.1 云计算应用简介

云计算(Cloud Computing)是与物联网互为支持的,它为我们带来的是这样一种变革——由 Google、IBM 等专业网络公司来搭建计算机存储和运算中心,用户通过一根网线借助浏览器就可以很方便地访问,把"云"作为资料存储以及应用服务的中心。智能技术其实就是常说的人工智能技术,它是研究和开发用于模拟、延伸和扩展人的智能的理论、方法、技术及应用系统的一门新兴技术科学。

云计算的概念是由 Google 提出的,这是一个美丽的网络应用模式。狭义云计算是指 IT 基础设施的交付和使用模式,指通过网络以按需、易扩展的方式获得所需的资源;广义云计算是指服务的交付和使用模式,指通过网络以按需、易扩展的方式获得所需的服务。这种服务可以是 IT 和软件、互联网相关的,也可以是任意其他的服务,它具有超大规模、虚拟化、可靠安全等独特功效。

云计算是网络计算、分布式计算、并行计算、效用计算、网络存储、虚拟化、负载均衡等传统计算机技术和网络技术发展融合的产物。它旨在通过网络把多个成本相对较低的计算实体整合成一个具有强大计算能力的完美系统,并借助 SaaS、PaaS、IaaS、MSP 等先进的商业模式把这一强大的计算能力分布到终端用户手中。云计算的一个核心理念就是通过不断提高"云"的处理能力,进而减少用户终端的处理负担,最终使用户终端简化成一个单纯的输入输出设备,并能按需要享受"云"的强大计算处理能力。云计算的核心思想是将大量用网络连接的计算资源统一管理和调度,构成一个计算资源池向用户按需服务。

云计算的基本原理是,通过使计算分布在大量的分布式计算机上,而非本地计算机或远程服务器中,企业数据中心的运行将更与互联网相似。这使得企业能够将资源切换到需要的应用上,根据需求访问计算机和存储系统。这是一种革命性的举措,打个比方,就好比是从古老的单台发电机模式转向了电厂集中供电的模式。它意味着计算能力也可以作为一种商品进行流通,就像煤气、水、电一样,取用方便,费用低廉。最大的不同在于,它是通过互联网进行传输的。在未来,只需要一台笔记本电脑或者一个手机,就可以通过网络服务来实现我们需要的一切,甚至包括超级计算这样的任务。从这个角度而言,最终用户才是云计算的真正拥有者。

云计算是实现物联网的核心。运用云计算模式,使物联网中数以兆计的各类物品的实时动态管理、智能分析变为可能。物联网通过将射频识别技术、传感器技术、纳米技术等新技术充分运用在各行各业之中,将各种物体充分连接,并通过无线等网络将采集到的各种实时动态信息送达计算处理中心,进行汇总、分析和处理。从物联网的结构看,云计算将成为物联网的重要环节。物联网常见的层次结构包含:感知层,将物品信息进行识别、采集;传输层,通过现有的 2G、3G 以及 4G 通信网络将信息进行可靠传输;信息处理层,通过后台的云计算系统来进行智能分析和管理。物联网与云计算的结合必将通过对各种能力资源共享(包括计算资源、网络资源、存储资源和平台资源等)、业务快速部署、人物交互新业务扩展、信息价值深度挖掘等多方面的促进带动整个产业链和价值链的升级与跃进。物联网强调物物相连,设备终端与设备终端相连,云计算能为连接到云上设备终端提供强大的运算处理能力,以降低终端本身的复杂性。二者都是为满足人们日益增长的需求而诞生的。

物联网运营平台的主要功能包括:业务受理、开通、计费;网络节点配置和控制;信息采集、存储、计算、展示、行业的应用集成等。

物联网运营平台显示的云计算特征,适合采用云计算技术建立基于云计算的物联网运营平台,其体系架构主要由以下几部分构成,即云基础设施、云平台、云应用和云管理。

云基础设施。通过物理资源虚拟化技术,使得平台上运行的不同行业应用以及同一行业应用的不同客户间的资源(存储、CPU 等)实现共享,如不必为每个客户都分配一个固定的存储空间,这样利用率较低,而是所有客户共用一个跨物理存储设备的虚拟存储池;提供资源需求的弹性伸缩,如在不同行业数据智能分析处理进程间共享计算资源,或在单个客户存储耗尽时动态地从虚拟存储池中分配存储资源,以便用最小的资源尽可能满足客户需求,在减少运营成本的同时,提升服务质量;通过服务器集群技术,将一组服务器关联起来,使它们在外界从很多方面看起来如同一台服务器,从而改善平台的整体性能和可用性。

云平台是物联网运营平台的核心,实现了网络节点的配置和控制、信息的采集和计算功能,在实现上可以采用分布式存储、分布式计算技术,实现对海量数据的分析处理,以满足大数据量且实时性要求非常高的数据处理要求。

云应用实现了行业应用的业务流程,可以作为物联网运营云平台的一部分,也可以集成第三方行业应用,但在技术上应通过应用虚拟化技术,实现多租户,让一个物联网行业应用的多个不同租户共享存储、计算能力等资源,以提高资源利用率,降低运营成本,而多个租户之间在共享资源的同时又相互隔离,也保证了用户数据的安全性。

云管理由于采用了弹性资源伸缩机制,用户占用的电信运营商资源是在随时间不断变化的,这就需要平台能提供按需计费的支持能力,如记录用户的资源动态变化,生成计费清单,提供给计费系统用于计费出账。另外,还需要提供用户管理、安全管理、服务水平协议(SLA)等功能。

由于上面提出的基于云计算的物联网运营平台架构是面向各行各业、大数据量、高性能计算的信息处理系统,而在现阶段物联网应用还未大规模普及的情况下,电信运营商在建设物联网运营平台时,不需要也不可能一步到位,因此可以采用分步实施的策略。

首先,从提供无线传输通道、网络节点配置和监控功能入手,与传感器厂商、行业应用厂商共同配合,为客户提供物联网服务。在这个阶段,可以将物联网运营平台部署在云基础设施上,实现资源的虚拟化和弹性伸缩,从而在小规模应用下最大限度地降低成本。

其次,以一个行业为突破口,将云平台的网络节点配置和监控功能向计算功能延伸,采用分布式计算等技术实现行业计算模型,包装成对外服务;同时与行业应用提供商合作,由行业应用提供商按云平台接口标准规范开发云应用,集成到云平台上,形成物联网运营平台的平台服务化和应用服务化雏形。

最后,不断拓展云应用行业领域,优化云平台服务和计算模型,提升云管理能力,以增强物联网运营平台应对业务量不断增长的要求。这是个长期发展的过程,物联网应用和用户的规模越大,建在云计算上的物联网运营平台的作用就越明显,也就越能发挥电信运营商在物联网产业链中的价值。

1.3.2　大数据应用简介

大数据这一概念早已有之,只是在较长的一段时间里处于沉寂状态。近年来,随着人们意识的增强以及观念的更新,大数据又重回人们的视线,并逐渐涌起一股革新浪潮。大数据又名巨量资料,其涉及的数据量规模巨大,以至于无法通过主流工具在短时间内实现撷取与管理。对于这部分海量、高增长且多样化的信息资产,只有运用更强的洞察力、决策力以及流程优化能力才能发现隐藏在数据背后的规律与价值,而可穿戴设备以及汽车中传感器应用的盛行,标志着大数据应用已经开始延伸到物联网领域。

　　在物联网中,对大数据技术的应用提出了更高的要求:首先,物联网中的数据量更大。物联网的组成节点除了人和服务器之外,还包括物品、设备、传感网等,数据流源源不断地产生,其数量规模远远大于互联网。其次,物联网中的数据传输速率更高。由于物联网与真实物理世界直接关联,要求实时访问以及控制相应的节点和设备,需要高数据传输速率予以支持。此外,物联网中数据的海量性也必然要求更高的传输速率。再者,物联网中的数据更加多样化。物联网涉及广泛的应用范围,从智能家居、智慧交通、智慧医疗、智慧物流到安防监控等,无一不是物联网的应用范畴。同时,在不同领域、不同行业,也需要面对不同类型和不同格式的数据,这使得物联网中的数据更加多样化。

　　从实质上来讲,大数据并不是简单解决数据大及复杂的问题,而是对海量数据进行分析,只有通过分析才能获取更多智能化、深层次、商业价值高的信息,才能最终为创业决策提供有价值的信息。例如,在智能交通领域,新加坡的公共交通部门近10年来利用个人位置数据做交通需求的预测;荷兰的交通部门利用移动电话的定位功能预测汽车和行人的拥堵状况。

　　随着物联网产业的不断发展,为实现"物物相联"及"人物相联",数以亿计的物联感知设备,如RFID、GPS、搜索引擎、浏览器等嵌入到实体设备中采集数据。由于感知设备的不断增加,物联网采集的海量数据呈井喷式增长,广泛采用云计算等大数据处理技术,实现数据分析及信息传递和交换。

　　从目前来看,大数据在物联网产业中的应用主要包括4个层面,即数据采集、数据传递、数据处理以及数据应用。物联网产业中的这4个层面各自扮演着不同的角色,其中数据采集与数据传递是大数据在物联网产业中应用的基础,而数据处理与数据应用是大数据在物联网产业中应用的核心内容。尽管我国的物联网产业取得了优异的发展成果,但依然处于初级发展阶段,重点需要对物联网大数据的以下3点进行探讨。

　　(1)数据采集。数据的采集在物联网中扮演着重要的角色,可以说数据采集是大数据在物联网产业中应用的基础,只有采集好数据,才能够对数据进行分析和处理。随着科学技术的发展与进步,物联网产业中的数据采集技术也在不断发展和创新,从目前来看,物联网产业中应用的数据采集工具有传感器、条形码、Web 2.0、RFID以及移动终端处理技术等。数据采集工具的发展与创新,使得物联网产业工作人员所获取的数据信息类型也呈现出多种多样的特点。如果对数据采集的类型进行分析,能够发现所收集的数据信息不仅包含物理数据信息,而且一些产品还涉及地理位置信息,可见信息涉及的范围是十分广泛的。数据采集并非看似那么简单,通常情况下,数据采集还涉及数据去噪处理以及信息的提取过程。物联网数据具有多样性以及非结构性的特点,通常情况下,物联网的数据带有一定程度的噪声,因此如何去除噪声提取有价值的信息往往是物联网信息提取的关键。在物联网产业中,相关的物联网工作人员出于信息运输以及信息处理的方便,往往会在初级阶段对所采集的数据进行相应去噪处理。另外,物联网产业在运行过程中,必然带有一些负荷,为了降低运行过程的负荷,还需要对采集的重要数据进行提取。

　　(2)数据存数。随着经济水平的不断提升,物联网每天所涉及的数据量也在不断增加,为了高效、及时地处理物联网所涉及的这些数据,就必须对数据进行存储。随着经济的发展,物联网产业中数据的存储技术在不断提高,当前,最受欢迎的数据存储技术是由谷歌公司提出的,具体的操作方法是利用大规模的廉价服务器来并行处理相应的非关系型数据。长期的发展实践表明,非关系型数据库的分布式存储技术在很大程度上推动了物联网产业的发展。继非关系型数据库分布式存储技术之后,在物联网产业中又相继出现了云存储、分布式文件系统等新的存储方式,从深层次上来分析,这些新出现的存储方式很大程度上借鉴了移动互联技术,使得物联网中的一些数据信息可以随时随地进行存储、提取以及分析、处理,这将无形中促进物联网流通速度的提升。

(3) 数据分析。数据分析在物联网产业中同样扮演着重要的角色,物联网产业中的数据挖掘、数据模型的预测以及数据结果的呈现等都属于数据分析环节。可见,数据分析在物联网中的地位至关重要。从某种程度上分析,大数据在物联网产业中的地位至关重要,它在物联网产业中的应用最核心的环节体现在数据的分析过程中,物联网产业的相关工作人员往往会在现有数据的基础上进行分析处理,从而对数据也起到预测的作用,一些企业的决策者在数据分析后,往往会对企业下一步的市场策略做出相应的调整,以达到利益最大化。现有的数据分析方法有统计学中的 SVM,分类学中的 NaiveBayes 等分析方法,而常用的数据分析工具有 Hadoop 的 Mahout 等,数据的分析在当前物联网产业中是十分重要的内容,通过数据分析,一方面能够对企业下一步的营销策略作出预测,使得企业的发展朝着良性的方向迈进;另一方面,通过对数据的分析、处理,能够进一步了解用户的行为习惯及爱好,进而为用户提供更好的服务而奠定基础。

进入新时期,我国的物联网产业得到了快速发展,未来几十年的物联网产业必将朝着多样化的方向发展,而大数据在物联网产业中的应用也将变得越来越广泛。

1.3.3　移动互联网应用简介

为了方便,人们总是习惯用移动的方式与网络连接。无线终端通过无线移动通信网络接入物联网,并能实现对目标物体识别、监控和控制等功能,此时的物联网称为无线移动物联网。目前的物联网主要集中在展会区域,通过在固定区域放置射频识别器,实现该片区域智能化。

无线物联网还没有真正地大规模应用,在未来的无线物联网中,可以利用手机终端访问物联网数据库,查询目标信息。例如,利用手机访问特定网址,经过身份验证后,输入产品的电子标签就可以查询所买的商品信息。无线物联网也可以用于智能监控,利用手机终端通过通信网络传输可以视频查看目标区域的交通状况,以便选择方便快捷的路线。同样可以把该技术用于很多区域,如医院、仓库物流等,实现远程智能监控。另外,通过无线物联网也可以用手机终端去控制装配有电子标签的家用电器,如设置空调的开启时间和温度、电视的开启设置等。

中国电信已建成 300 多个全国性的移动互联网应用,涌现出一大批成功案例。

(1) 平安 e 家。这是一款经典的家庭 M2M 应用,其利用传感器技术,结合家庭的安防和看护需求,实现了集音频、视频和报警功能于一体的综合安防。

(2) 家庭信息机。在传统数码相机的基础上,采用推送的方式将更丰富的信息呈现在移动终端上,甚至已经初步具备计算的基础。

(3) 客运车辆调度与监控应用。通过 3G 网络传输车载传感器和摄像头采集的图像和数据,实现了客运企业对车辆的实时监控和精准调度,提高了车辆运营行驶安全。

（4）污染源在线监测监控。系统将污染源的实时监控图像和相关传感器采集的环境监测数据,与环保执法人员的 3G 手机连接起来,极大地方便了环保部门对污染源的管理。

中国移动率先提供了统一开放的 M2M 系统架构,并在该架构下设计了针对无线机器通信的 WMMP 通信协议;通过 TD M2M 模组的开发提供标准化的软硬件接口以及二次应用开发环境,实现了 M2M 终端的标准化,有效降低了终端部署成本。此外,针对工业环境的应用特点,设计了工业级 SIM 卡的解决方案,有效解决了工业环境下 SIM 卡寿命过短的问题。积极承担国家物联网相关重大专项课题,有效推动了技术、应用和产业的发展。通过与产业链各方面的广泛合作,中国移动已经开通了手机支付、物流管理、电力抄表、动物溯源、终端监控、电梯卫士、数字城管和车务通等各类物联网的业务。目前,中国移动已经部署超过 300 万台 M2M 终端,年增长率超过 80%。预计未来 5 年这一数据都会超过 60%。在物联网的创新与实践中,中国移动已经形成了一支专业化业务研发与运营支撑团队,并拥有国内唯一的 1 亿个 M2M 专用号码资源,极大地推动物联网在移动互联网中的应用。

中国联通 M2M 相关业务也已经推出,在汽车信息化、环保信息化、公交信息化、手机银行、手机订票、移动办公及远程定损等业务及应用中得到应用。主要的 3 个方面如下。

（1）汽车信息化方面。中国联通已经开展 3G 车载信息服务应用,目前已完成车载终端功能测试以及实际路段测试并实现终端量产。

（2）环保信息方面。中国联通为内蒙古自治区提供重点污染源自动监控服务,涵盖 12 个盟市,完成 200 余个企业污染源前端检测设备、污染源视频监控前端设备建设及介入,同时配套编制、建立相应的项目建设标准规范体系和安全管理体系。

（3）公交信息化方面。中国联通为济南公交公司提供公交车车载 3G 视频监控系统,监控中心不仅可以通过 3G 网络实时监控公交车辆运行位置、运动轨迹和车厢内的情况,还能接收司机人工触发的紧急报警信号,触发相关预警备案,同时相关视频图像还能满足市应急指挥中心和市交通委等管理调度视频信号联网要求。

1.3.4　其他应用简介

信息时代物联网无处不在。由于物联网具有实时性和交互性的特点,因此物联网还有如下应用领域。

1. 城市管理

1）智能交通（公路、桥梁、公交、停车场等）

物联网技术可以自动检测并报告公路和桥梁的“健康状况”,还可以避免过载的车辆经过桥梁,也能够根据光线强度对路灯进行自动开关控制。在交通控制方面,可以通过检测设备,在道路拥堵或特殊情况时,系统自动调配红绿灯,并可以向车主预告拥堵路段和推荐最佳行驶路线。

在公交方面,物联网技术构建的智能公交系统通过综合运用网络通信、GIS 地理信息、GPS 定位及电子控制等手段,集智能运营调度、电子站牌发布、IC 卡收费、ERP（快速公交系统）管理等于一体,通过该系统可以详细掌握每辆公交车每天的运行状况。另外,在公交候车站台上通过定位系统可以准确显示下一趟公交车需要等候的时间；还可以通过公交查询系统,查询最佳的公交换乘方案。

停车难的问题在现代城市中已经引发社会各界的强烈关注。通过应用物联网技术可以帮助人们更好地找到车位。智能化的停车场通过采用超声波传感器、摄像感应、地感性传感器、太阳能供电等技术,第一时间感应到车辆停入,然后立即反馈到公共停车智能管理平台,显示当前的停车位数量。同时将周边地段的停车场信息整合在一起,作为市民的停车向导,这样能够大大缩短找车位的时间。

2）智能建筑（绿色照明、安全检测等）

通过感应技术,建筑物内照明灯能自动调节光亮度,实现节能环保。建筑物的运作状况也能通过物联网及时发送给管理者。同时,建筑物与 GPS 系统实时连接,在电子地图上能准确、及时地反映出建筑物空间地理位置、安全状况及人流量等信息。

3）文物保护和数字博物馆

数字博物馆采用物联网技术,通过对文物保存环境的温度、湿度、光照、降尘和有害气体等进行长期监测和控制,建立长期的藏品环境参数数据库,研究文物藏品与环境影响因素之间的关系,创造最佳的文物保存环境,实现对文物蜕变损坏的有效控制。

4）古迹、古树实时监测

通过物联网采集古迹、古树的年龄、气候、损毁等状态信息,及时进行数据分析和采取保护措施。在古迹保护上实时监测能有选择地将有代表性的景点图像传递到互联网上,让景区对全世界做现场直播,达到扩大知名度和广泛吸引游客的目的。另外,还可以实时建立景区内部的电子导游系统。

5）数字图书馆和数字档案馆

使用 RFID 设备的图书馆/档案馆,从文献的采访、分编、加工到流通、典藏和读者证卡,RFID 标签和阅读器已经完全取代了原有的条码、磁条等传统设备。将 RFID 技术与图书馆数字化系统相结合,实现架位标识、文献定位导航、智能分拣等。应用物联网技术的自助图书馆,借书和还书都是自助的。借书时只要把身份证或借书卡插进读卡器里,再把要借的书在扫描器上放一下就可以了。还书过程更简单,只要把书投进还书口,传送设备就自动把书送到书库。同样通过扫描装置,工作人员也能迅速知道书的类别和位置以进行分拣。

2. 数字家庭

如果简单地将家庭中的消费电子产品连接起来,那么这只是一个多功能遥控器控制所有终端,仅实现了电视与计算机、手机的连接,这不是发展数字家庭产业的初衷。只有在连接家庭设备的同时,通过物联网与外部的服务连接起来,才能真正实现服务与设备互动。有了物联网,就可以在办公室指挥家庭电器的操作运行,在下班回家的途中,家里的饭菜已经煮熟,洗澡的热水已经烧好,个性化电视节目将会准点播放；家庭设施能够自动报修；冰箱里的食物能够自动补货。

3. 定位导航

物联网与卫星定位技术、GSM/GPRS/CDMA 移动通信技术、GIS 地理信息系统相结合,能够在互联网和移动通信网络覆盖范围内使用 GPS 技术,使得使用和维护成本大大降低,并能实现"端到端"的多向互动。

4. 现代物流管理

通过在物流商品中植入传感芯片(节点),供应链上的购买、生产制造、包装/装卸、堆栈、运输、配送/分销、出售、服务每个环节都能无误地被感知和掌握。这些感知信息与后台的GIS/GPS 数据库无缝结合,成为强大的物流信息网络。

5. 食品安全控制

食品安全是国计民生的重中之重。通过标签识别和物联网技术,可以随时随地对食品生产过程进行实时监控,对食品质量进行联动跟踪,对食品安全事故进行有效预防,极大地提高食品安全的管理水平。

6. 零售

RFID 取代零售业的传统条码系统(Barcode),使物品识别的穿透性(主要指穿透金属和液体)、远距离以及商品的防盗和跟踪有了极大改进。

7. 数字医疗

以 RFID 为代表的自动识别技术可以帮助医院实现对病人不间断地监控、会诊和共享医疗记录以及对医疗器械的追踪等。而物联网将这种服务扩展至全世界范围。RFID 技术与医院信息系统(HIS)及药品物流系统的融合,是医疗信息化的必然趋势。

8. 防入侵系统

通过成千上万个覆盖地面、栅栏和低空探测的传感节点,防止入侵者的翻越、偷渡、恐怖袭击等攻击性入侵。上海机场和上海世界博览会已成功采用了该技术。据预测,到 2035 年前后,中国的物联网终端将达到数千亿个。随着物联网的应用普及,形成我国的物联网标准规范和核心技术,成为业界发展的重要举措。解决好信息安全技术,是物联网发展面临的迫切问题。

1.4 物联网的标准

1.4.1 物联网标准体系

物联网通过各类信息传感设备实现对物理世界的动态智能协作感知,实现人与物、物与物、人与人的全面互联,可广泛应用于国民经济和国防的各个领域。物联网自身就能够打造一个巨大的产业链,在当前经济形势下对调整经济结构、转变经济增长方式具有积极意义。通过政府对物联网产业的高度关注和大力支持,物联网已经逐渐从产业愿景走向现实应用。但一直以来,物联网的概念和技术架构缺乏清晰可辨识的描述,一些利益相关方争相进行基于自身利益的解读,使得政府、产业和市场各方对其内涵和外延认识不清,可能使政府对物联网技术和产业的支持方向产生偏差。此外,我国物联网产业和应用还处于起步阶段,只有少量专门的应用项目,这些项目零散地分布在独立于核心网络的领域,而且多数还只是依托科研项目的示范应用。它们采用的是私有协议,尚缺乏完善的物联网标准体系,缺乏对如何采用现有技术标准的指导,在产品设计、系统集成时无统一标准可循,已经严重制约了技术应用和产业的迅速发展。为了实现无处不在的物联网,实现和核心网络的融合,大量关键技术尚需突破,物联网体系标准化将对于实现大规模应用网络所需要的互联互通起到至关重要的作用。

为解决此问题,必须要对物联网的定义、特点、范围、技术架构等关键问题进行研究,并结合我国物联网标准的实际需求提出自主创新的物联网标准体系,具体规划物联网的标准化工作,以求通过标准体系的指导,将国内龙头企业和相关单位纳入到物联网的标准化工作中,极大地促进物联网产业的发展,并为今后选择方向和实现物联网国际标准的重点突破奠定基础。

根据物联网技术与应用密切相关的特点,根据技术基础标准和应用子集标准两个层次,应采取引用现有标准、裁剪现有标准或制定新规范等策略,形成包括总体技术标准、感知层技术标准、网络层技术标准、服务支撑技术标准和应用子集类标准的标准体系框架,如图 1.4 所示,以求通过标准体系指导成体系、系统的物联网标准制定工作,同时为今后的物联网产品研发和应用开发中对标准的采用提供重要的支持。

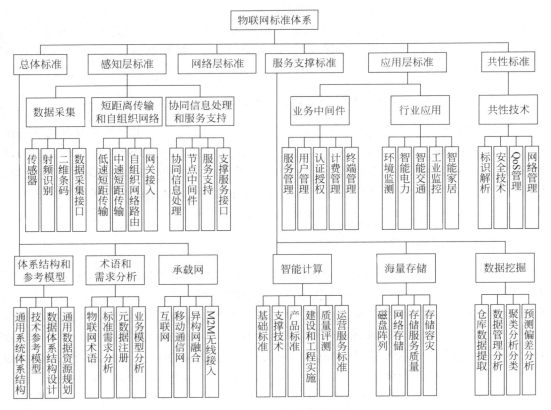

图 1.4　物联网标准体系框架

物联网标准体系建设是一项复杂的系统工程,尤其是在产业发展的起始阶段,既要加强统筹规划,建设完善各种机制,保护好各方面的积极性,又要整合资源,合理分工,防止重复研制等各种混乱和无序状态。同时,要以国际视野和开放兼容的心态,积极参与国际标准的制定,掌握发展的主动权。

1. 扎实做好术语等基础工作和体系架构等顶层设计

物联网的术语、技术需求、参考模型等顶层设计是物联网标准化工作的基础,只有做好这些基础性工作,才能便于下一步标准体系建设过程中统一"语言"交流,防止为不同的描述和理解陷入无休止的纠缠,影响标准工作的推进。系统体系架构的研制是一种顶层设计,做好顶层设计,有利于标准整体推进工作的宏观统筹布局和分工,同时也为下一步做好产业界定和统计工作打下坚实基础。

2. 建立有持续发展能力的标准建设与推进机制

物联网的标准化工作也是长期、渐进性的系统工程,必须分步骤、有计划地开展物联网相关领域的标准研制,按照技术发展和需求现状分解各阶段的标准化任务。应该建立"政、产、学、研、用"密切配合,协调分工的联动机制。基础术语、整体框架设计、关键共性标准等应建立政府支持、专业标准化研究机构牵头,地方、行业、企业、高校广泛参与的专业联盟团队,加大力度,联合攻关。行业应用标准应由行业主管部门联合有关企业一起研发,并结合应用示范工程加以验证。针对我国基础薄弱或物联网产业急需大规模应用的技术领域,如高端智能传感器、超高频电子标签、传感器网络,应优先进行标准立项,加快标准制定步伐。

3. 建立应用示范工程与标准研制密切结合的互动机制

物联网的热潮在全国各地催生出大量的应用示范工程,这些应用示范工程各地政府投入巨大,在立项阶段就要把标准建设当作示范工程的一项目标,与标准建设工作结合,可以使应用示范工程的相关成果和经验得以固化,以标准的形式指导后续应用示范工程建设,在标准化工作和应用示范工程之间形成良性互动,避免不同技术体制的多个类似应用示范工程的重复建设,并为企业投身物联网产业链提供依据和保障。

4. 积极参与国际物联网标准建设分工与合作

ISO、IEC、ITU、IEEE、IETF 等组织已陆续开展了物联网相关技术的标准化工作。国内一些重要标准化组织也在同步开展国家和行业标准的研制工作,并已提出协同信息处理与服务支撑接口等国际标准提案。我国物联网的标准建设与推进工作应提早布局,各级政府应大力支持我国标准化机构、企业、科研院所积极参与国际物联网标准的竞争与合作,做到国家标准与国际标准同步推进,争取在未来的这一战略性新兴产业高地上占据一席之地。必要时,可以考虑财政资金助力,专业机构牵头,联合产、学、研、用,建立物联网标准"国家队"。这样做既有利于在国际标准竞争中占据有利位置,也有利于系统化地推进国内外标准合作。

5. 要高度重视物联网中的信息安全标准建设工作

物联网是互联网、通信网技术的延伸,与传统的互联网相比,物联网的终端数量更大,自动化的感知与信息采集决定了网络数据流量更大,需要加工处理的信息更宽泛、更复杂。尤其是物联网在许多重点行业、重大基础设施中应用起来后,信息安全的要求会更加突出,没有相应的安全标准作保障,一旦发生重大安全问题,不仅会造成严重的经济损失,甚至可能严重影响人们使用物联网的信心。要及早考虑终端传感设备的身份识别、短距离通信中的保密以及各类数据的应用安全管理问题。

1.4.2 物联网标准化组织

国外与物联网标准化有关的组织主要有 ISO(国际标准化组织)、IEC(国际电工委员会)、ITU(国际电信联盟)、IEEE(电气电子工程师协会)、IETF(互联网工程任务组)等。国内物联网标准化组织主要包括协调工作组织和与物联网相关的标准化技术委员会两大部分。物联网标准化协调工作组织包括物联网国家标准推进组、国家物联网标准化专家委员会、国家物联网基础标准工作组等。物联网相关的标准化技术委员会主要有全国信息技术标准化技术委员会(SAC/TC28)、全国物品编码标准化技术委员会(SAC/TC287)、全国通信标准化技术委员会(SAC/TC485)等。

1. 国外物联网标准化组织情况

1) 国际标准化组织

(1) ISO/IEC JTC1。

ISO(国际标准化组织)和 IEC(国际电工委员会)于 1987 年联合成立 JTC1(第一联合技术委员会),负责制定信息技术领域的国际标准。

在 JTC1 内开展物联网相关标准化工作的分技术委员会和工作组有 SC6(系统间远程通信与信息交换)、SC17(卡和身份识别)、SC31(自动标识和数据采集技术)、WG7(传感器网络)。其中 SC6 和 WG7 开展网络通信标准化工作,SC17 和 SC31 开展 IC 卡和 RFID 标准化工作。目前,中、韩、美在 ISO/IEC JTC1 物联网标准化工作中较活跃,中方参与单位主要有电子标准院、无锡物研院、重庆邮电大学、东南大学等。2012 年 ISO/IEC JTC1 成立物联网特别工作组(SWG5-IoT),该工作组负责研究物联网范围、概念和市场前景等基本内容以及开展相关标准化组织协调工作,不开展标准研制工作。作为物联网重要的组成部分,传感网络 WG7 也是 JTC1 工作的重点,目前在 JTC1/WG7 中共开展 10 项传感器网络标准的研制工作,包括传感器网络参考体系结构、协同信息处理、智能电网接口和通用传感器网络接口等,其中 ISO/IEC 20005:2013 等 6 项国际标准已经正式发布。

(2) ITU-T。

ITU(国际电信联盟)是世界各国政府的电信主管部门之间协调电信事务方面的一个国际组织,成立于 1865 年 5 月 17 日,总部设在日内瓦,现有 193 个成员国和 700 多个部门成员及部门准成员,由电信标准部门(ITU-T)、无线电通信部门(ITU-R)和电信发展部门(ITU-D)3 个机构组成。ITU-T 是全球性 ICT 标准化组织。目前电信标准部门设有 10 个研究组,分别为 SG2(运营方面)、SG3(经济与政策问题)、SG5(环境与气候变化)、SG9(宽带有线与电视)、SG11(协议及测试规范)、SG12(性能、服务质量和体验质量)、SG13(未来网络)、SG15(传输、接入及家庭)、SG16(多媒体)和 SG17(安全)。

ITU-T 在物联网方面的标准化研究主要集中在总体框架、标识和应用 3 个方面,共涉及 4 个工作组,即 SG13、SG11、SG16 和 SG17。其中,SG11 牵头物联网及 M2M 信令和测试方面的工作,SG13 牵头物联网网络方面的工作,SG16 牵头物联网应用方面的工作,SG17 牵头物联网应用和业务安全方面的工作。ITU-T 为更好地推进物联网标准化工作,于 2011—2012 年期间成立 IoT-GSI 工作组和 FG M2M 工作组。

2) 国际性社会团体标准化组织

(1) OneM2M。

OneM2M 是在无线通信解决方案联盟(ATIS)、中国通信标准化协会(CCSA)、欧洲电信标准协会(ETSI)、韩国电信技术协会(TTA)、日本电信技术委员会(TTC)、美国电信工业协会(TIA)和日本电波产业协会(ARIB)这 7 家通信标准化组织积极推进下于 2012 年成立的一个全球性标准化组织,以确保高效地部署机器到机器(M2M)通信系统标准化工作。其成员包括全球主要通信力量和少量垂直行业组织。OneM2M 的基本目标是统一通信业界的 M2M 应用层标准,促进通信产业内部有效协同。其长远目标是推动 M2M 全球标准与垂直行业应用融合,促进通信产业与垂直行业的有效协同。OneM2M 设有指导委员会(SC)与技术全会(TP)。SC 或 TP 下设若干子委员会和工作组及秘书处。目前,OneM2M 设立了 WG1(需求)、WG2(架构)、WG3(协议)、WG4(安全)和 WG5(管理和语义)5 个工作组。

目前 OneM2M 参与单位仍以传统信息通信行业为主,我国华为、中兴、大唐、中国电信、中国联通等公司也都积极参与相关标准化工作,其中华为公司在 WG5 占有较强的话语权。

(2) IEEE。

IEEE(电气电子工程师协会)成立于 1963 年,其前身是 AIEE(美国电气工程师协会)和 IRE(无线电工程师协会),主要侧重电工技术在理论方面的发展和应用方面的进步。IEEE 是一个非营利性科技学会,拥有全球近 175 个国家 36 万多名会员,在太空、计算机、电信、生物医学、电力及消费性电子产品等领域权威性强。IEEE 设有 IEEE 标准协会 IEEE-SA(IEEE Standard Association),负责标准化工作。IEEE 的标准制定内容包括电气与电子设备、试验方法、元器件、符号、定义以及测试方法等多个领域。IEEE 在物联网领域主要集中在短距离无线、智能电网、智能交通、智能医疗、绿色节能等方面,涉及 IEEE 802.11、IEEE 802.15、IEEE 802.16、IEEE 1609、IEEE 1888、IEEE 1377、IEEE P2030 等标准工作组。相对来说,IEEE 802 标准委员会下的 802.11 和 802.15 系列标准国际影响力较大,部分标准已在全球得到应用,且目前有多个专门针对物联网应用需求的标准研究项目。

我国中国移动公司、华为公司、中兴公司、大唐电信公司、工信部电信研究院、北京邮电大学、清华大学等单位都积极参与 IEEE 802.11 的标准化工作,随之在该领域的影响力和话语权不断增强,提案接纳率也不断提升。在 IEEE 802.15 标准制定领域,国际主流公司参与较少,我国企业也较少关注,参会多以跟踪为主。对于 IEEE 智能电网及智能交通系列标准,由于其更多关注美国的需求,因此我国相关产业的关注和参与度很低。

（3）ZigBee 联盟。

ZigBee 联盟成立于 2001 年 8 月，由英国 Invensys 公司、日本三菱电气公司、美国摩托罗拉公司及荷兰飞利浦半导体公司组成。如今已经吸引上百家芯片公司、无线设备公司和开发商加入。IEEE 802.15.4 定义的是传感器网络物理层和控制层的规范，而 ZigBee 专注于传感器网络层及其以上层的规范。ZigBee 制定了基于 IEEE 802.15.4，具有高可靠性、高性价比、低功耗的网络应用规范。ZigBee 技术的命名主要来自于人们对蜜蜂采蜜过程的观察，蜜蜂在采蜜过程中跳着优美的舞蹈，其舞蹈轨迹像"Z"的形状，蜜蜂自身体积小，所需要的能量小，又能传递所采集的花粉。因此，人们用 ZigBee 技术来代表具有低成本、体积小、能量消耗小和传输速率低的无线通信技术。ZigBee 开发了安全层，以保证这种便携设备不会意外泄露其标识，而且这种利用网络的远距离传输不会被其他节点获得。ZigBee 的安全体系提供的安全管理主要是依靠对称性密钥保护、应用保护机制、合适的密码机制及相关的保密措施。安全协议的执行（如密钥的建立）要以 ZigBee 整个协议栈正确地运行而不遗漏为前提。控制层、网络层和业务支撑层都有可靠的安全传输机制用于各自的数据帧。

（4）IETF。

IETF（互联网工程任务组）于 1985 年成立，是松散的、自律的、志愿的民间学术组织，其主要任务是负责互联网相关技术规范的研制。IETF 主要工作是在其工作组中完成，标准研究包括互联网草案和技术规范，对任何人免费公开。IETF 与物联网相关的研究集中在基于 IPv6 的低功耗网络路由和应用方面。IETF 在物联网领域的研究尚处在起步阶段，相关的正式标准成果较少。IETF 在物联网标准研制方面，侧重于将 IP 技术应用于物联网感知层的核心技术标准。IETF 共有 3 个工作组分别制定 6LoWPAN 网络适配层（6LoWPAN 工作组）、网络层路由（RoLL 工作组）以及资源受限环境下的应用层（CoRE 工作组）技术标准，同时还有一个工作组（Lwig）主要对互联网轻量级协议实现进行研究。IETF 各工作组的技术与 IP 技术是一脉相承的，因此 IETF 标准主要起草者是美国的大学及公司，包括 Cisco、Intel、Standford 等。中国移动担任新成立的 Lwig 工作组的主席职位，也主导起草标准中的部分内容。

（5）3GPP。

3GPP（第三代合作伙伴计划）是一个于 1998 年 12 月成立的国际标准化组织，致力于 3G 及长期演进分组域网络的研究。下设 4 个技术专家组，共有 17 个工作组，其中 SA3 工作组主要开展安全方面的技术研究与标准制定工作。3GPP 的工作主要集中在 M2M 方面，如业务需求、系统架构及 M2M 可能带来的影响。3GPP 的关注点是与移动通信网络的终端和移动网络相关的领域，主要是 M2M 对终端和网络带来的影响。SA3 主要针对移动通信网络支撑 M2M 通信的安全需求和技术开展研究。3GPP 对于 M2M 安全方面相关的标准主要有 4 个，即《机器类型通信服务需求》（3GPP TR 22.368）、《3GPP 系统支持 M2M 通信研究》（3GPP TR 22.868）、《远程部署和更改 M2M 设备签约的安全可行研究》（3GPP TR 33.812）、《机器类型通信安全问题研究》（3GPP TR 33.868）。这些标准主要对 M2M 安全需求和一些解决方案进行了研究。

（6）GS1 系统。

GS1（国际物品编码协会）系统起源于美国，由美国统一代码委员会（UCC，于 2005 年更名为 GS1 US）于 1973 年创建。2005 年 EAN（欧洲物品编码协会）和 UCC 正式合并并更名为 GS1,为全球范围内的标识货物、服务、资产和位置提供了准确的编码。这些编码能够以条码符号来表示,以便进行商务流程所需的电子识读。该系统克服了厂商、组织使用自身的编码系统或部分特殊编码系统的局限性,提高了贸易的效率和对客户的反应能力。

GS1 系统提供了 GS1 标识代码的语法、分配和自动数据采集标准,也用于电子数据交换(EDI)、XML 电子报文、全球数据同步(GDSN)和 GS1 网络系统。GS1 系统在提供唯一的标识代码的同时,也提供附加信息,如保质期、系列号和批号,这些都可以用条码的形式来表示。目前数据载体是条码,但 EPCglobal 也正在开发射频标签用于作为 GS1 数据的载体。

2. 国内物联网标准化组织情况

1) 物联网标准化总体协调工作组织

我国物联网标准化在组织方面基本建立了标准化协调工作组织。这些组织负责物联网相关标准化的协调工作,具体标准的制定仍然归口到各标准化专业技术委员会。

(1) 物联网国家标准推进组。

国家标准委员会、国家发展和改革委员会同科技部、工业和信息化部、公安部、财政部、环境保护部、交通运输部、农业部、国家林业局等部门联合成立物联网国家标准推进组。主要职责为:总体指导国家物联网标准体系建设及规划工作,统筹和协调基础及各应用领域物联网国家标准立项、制修订及实施工作;建立物联网综合标准化工作机制,系统管理和指导物联网基础标准工作组、各应用标准工作组以及相关各标准化技术机构工作,畅通渠道,加强协作和衔接配合,整体提升物联网标准化工作水平。物联网国家标准推进组原则上每季度召开一次全体会议。

(2) 国家物联网标准化专家委员会。

国家物联网标准化专家委员会由物联网相关技术领域的权威专家组成。主要职责为:受物联网国家标准推进组的委托,对物联网标准体系建设及规划工作进行总体技术论证,对物联网国家标准立项及制修订工作中的重大技术问题提供技术咨询,对国家物联网基础标准工作组、各行业应用标准工作组的工作提供技术指导。

(3) 国家物联网基础标准工作组。

国家物联网基础标准工作组由物联网标准化相关各技术机构的代表组成。主要职责为:在物联网国家标准推进组的领导下,负责起草国家物联网标准体系及工作规划;对物联网国家标准立项建议进行技术审查,对标准制修订过程中的技术问题进行协调;组织开展物联网领域基础类、通用类国家标准的起草;与各行业应用标准工作组加强协作,做好基础标准与应用标准的衔接与协调;推动物联网国家标准的有效实施。

在国家物联网基础标准工作组下成立物联网总体项目组、物联网标识技术项目组、物联网信息安全技术项目组,分别负责开展物联网基础领域总体技术标准研究、物联网标识和编码标准研究以及物联网信息安全标准研究。项目组是根据标准编制的需要成立的技术组织,负责向国家物联网基础标准工作组汇报工作进展情况。项目组成员单位由国内从事物联网技术相关的标准化组织如标准化技术委员会(TC)或标准化协会组成,项目组成员单位派出一定名额的代表参与标准项目的研制工作。鉴于物联网标准化工作的特殊性,项目组与现有物联网领域相关的标准化技术机构之间的协调和共同参与尤为重要。新建标准项目组,由国家物联网基础标准工作组提出申请,物联网国家标准推进组各成员批复后成立。

（4）国家物联网行业应用标准工作组。

为加强物联网顶层设计，支撑物联网试点示范工作，国家标准化管理委员会于 2011 年先后成立了国家物联网社会公共安全领域、环保领域、交通领域、农业领域和林业领域应用标准工作组。该 4 个标准工作组主要职责为：研制物联网在各自领域的应用标准，并组织实施；按照物联网在各自领域应用的需要和产业发展的需求，对物联网标准体系进行补充完善；与物联网基础标准工作组进行沟通衔接，反映物联网在各自领域应用的标准化需求，做好基础标准和应用标准的衔接和协调工作。

2）物联网相关的标准化技术委员会

（1）全国信息技术标准化技术委员会。

全国信息技术标准化技术委员会（SAC/TC28）简称信标委，负责全国信息技术领域以及与 ISO/IEC JTC1 相对应的标准化工作。信标委的技术工作范围是信息技术领域标准化。信息技术包括涉及信息采集、表示、处理、安全、传输、交换、表述、管理、组织、存储和检索的系统和工具的规定、设计和研制。

TC28 下设多个分技术委员会，涉及安全、物流、教育、数据等多个领域。针对物联网的发展，TC28 经国标委批准于 2009 年专门成立了传感器网络标准工作组。传感器网络标准工作组的主要任务是根据国家标准化工作的方针政策，研究并提出有关传感网络标准化工作方针、政策和技术措施的建议；按照国家标准制修订原则，积极采用国际标准和国外先进标准的方针，制订和完善传感网的标准体系表。提出制修订传感网国家标准的长远规划和年度计划的建议；根据批准的计划，组织传感网国家标准的制修订工作及其他与标准化有关的工作。传感器网络标准工作由 PG1（国际标准化）、PG2（标准体系与系统架构）等 14 个专项组构成，开展具体的国家标准制定工作。国家传感器网络标准工作组正式发布了我国已完成的传感网首批 6 项标准征求意见稿，标志着我国不仅拥有了自己的传感网标准，更体现着我国传感网产业的科研开发已进入一个新的发展阶段。

另外，与物联网密切相关的还有该技术委员会下的 SOA 标准工作组。该工作组于 2009 年年底成立，主要负责我国 SOA 国家标准制定，组织全国范围内的 SOA 标准应用和推广，配合开展行业或领域相关的 SOA 标准化工作，并负责对口 ISO/IEC JTC1/SC38 WG-SOA 及 ISO/IEC JTC1/SC7 SG-SOA 承担 SOA 国际标准化工作，促进我国与国际 SOA 标准化的融合发展。

（2）全国物品编码标准化技术委员会。

全国物品编码标准化技术委员会（SAC/TC287）成立于 2006 年，秘书处设在中国物品编码中心，其主要范围是负责商品、产品、服务、资产、物质等物品的分类编码、标识编码和属性编码、物品品种编码及单件物品编码的国家标准制修订工作；全国物品编码的管理与服务及物品编码相关载体技术等方面的国家标准制修订工作。

（3）全国通信标准化技术委员会。

全国通信标准化技术委员会（SAC/TC485）主要负责通信网络、系统和设备的性能要求、通信基本协议和相关测试方法等领域的国家标准制修订工作。SAC/TC485 的运作与中国通信标准化协会（CCSA）的运作机制相统一，协会各组成机构均作为 SAC/TC485 的组成机构；在 SAC/TC485 内开展国家标准制修订工作，遵循中国通信标准化协会相关工作程序和管理办法的规定。

SAC/TC485 的泛在网标准化工作与物联网密切相关。2010 年 2 月 2 日,CCSA 成立泛在网技术工作委员会(TC10)。TC10 的成立标志着 CCSA 今后泛在网技术与标准化的研究将更加专业化、系统化、深入化,必将进一步促进电信运营商在泛在网领域进行积极的探索和有益的实践,不断优化设备制造商的技术研发方案,推动泛在网产业健康快速发展。

(4) 全国信息分类编码标准化技术委员会。

全国信息分类编码标准化技术委员会(SAC/TC353)标准化工作范围是国家基础性和综合性信息分类与编码标准化,包括区域、场所、地点、人力资源、自然资源与环境、时间和计量单位、语言、文字、符号、经济结构与经济指标、社会福利、社会保障、公共卫生和劳动安全、行政管理、文献、专利、标准、档案等,不包括产品、服务、机构方面的信息分类编码以及条码形式的有关区域、场所和地点标识方面的国家标准制修订工作。

(5) 全国工业过程控制标委会。

全国工业过程测量和控制标准化技术委员会(TC124)成立于 1988 年,是 IEC/TC65(工业过程测量、控制与自动化)和 ISO/TC30(封闭管道中流体流量的测量)的国内对口标准化组织,已开展 20 多项智能仪表相关标准研制工作,如热电偶系列标准、变送器系列标准、气体分析器系列标准等。目前,IEC/SC65B(测量和控制设备)正在考虑基于智能传感器的新需求,研制一批智能传感器国际标准。

1.4.3 物联网标准化进展

基于物联网标准化特点,物联网的标准化工作在全球的多个标准化组织竞相展开,包括国际标准化组织(如 ITU、ISO 和 IEC)、区域性标准化组织(如 ETSI)、国家标准化组织(如 CCSA、ATIS、TTA、TTC)、行业标准化组织、论坛和任务组(如 IETF、IEEE、OMA)等,这些标准化组织各自沿着自己擅长的领域进行研究,所开发的标准有重叠也有分工,但他们之间的竞争大于合作,目前尚缺乏整体的协调、组织和配合。

在各标准化组织进行研究的同时,有些行业标准在国家或地区政府的推动下也在快速形成,这些行业应用的标准带动了相关标准化组织之间的分工和合作,为物联网标准做出了实质性的贡献。目前在行业应用标准化方面,智能电网、智能交通和智能医疗等方面的进展比较快。

物联网涉及的范围很广,因此目前与之相关的国际标准化组织和工业标准化组织都在从事物联网相关的标准化工作。下面介绍几个主要标准化组织的研究进展情况。

1. 国际标准化组织的物联网标准进展

ITU-T 专门成立了物联网全球标准化工作组(IoT-GSI),正在研究"物联网定义"和"物联网概述"两个国际建议,并在 2012 年 2 月通过。在"物联网概述"建议草案中给出了物联网的体系架构。在业务/应用支撑层能力、管理能力和安全能力方面都分为两个方面的能力,即通用能力和面向某类应用的特定能力,如智能电网和智能交通所需的能力可能不同。

IEEE 主要研究 IEEE 802.15 低速近距离无线通信技术标准,并针对智能电网开展了大量工作。IEEE P2030 技术委员会成立于 2009 年 5 月,分为电力、信息和通信 3 个工作组,旨在为理解和定义智能电网互操作性提供技术基础和指南,针对 NIST 智能电网应用各个环节,帮助电力系统与应用和设备协同工作,确定模块和接口,为智能电网相关的标准制订奠定基础。IEEE 2010 年 4 月发布了 P2030 草案。

ETSI 成立了 M2M 技术委员会，对 M2M 需求、网络架构、智能电网、智能医疗、城市自动化等方面进行了研究，并陆续出台了多个技术规范。

IETF 制订以 IP 协议为基础的，适应感知延伸层特点的组网协议。目前 IETF 的工作主要集中于 6LoWPAN 和 ROLL 协议两个方面，6LoWPAN 以 IEEE 802.15.4 为基础，针对传感器节点低开销、低复杂度、低功耗的要求，对现有 IPv6 系统进行改造，压缩包头信息，提高对感知延伸层应用的使用能力。而 ROLL 的目标是使公共的、可互操作的第 3 层路由能够穿越任何数量的基本链路层协议和物理媒体。例如，一个公共路由协议能够工作在各种网络，如 802.15.4 无线传感网络、蓝牙个人区域网络以及未来低功耗 802.11 WiFi 网络之内和之间。目前 6LoWPAN 已进入标准化的中期阶段，而 ROLL 仍处于草案阶段。

3GPP 结合移动通信网研究 M2M 的需求、架构以及对无线接入的优化技术；其 SA 和 RAN 分别针对网络架构、核心网以及无线接入网开展了工作，目前网络架构的增强已经进入实质性工作阶段，而无线接入网的增强仍处于研究阶段。

ZigBee 联盟的 ZigBee 协议基于 IEEE 802.15.4 的物理层和媒体访问控制（MAC）层技术，重点制订了网络层和应用层协议，支持 Mesh 和簇状动态路由网络，在目前的无线传感器网络中得到广泛应用。

2. 智能电网的标准进展

智能电网的标准推进主要来自于政府、行业、标准化开发组织和协会等几个方面的力量。

美国和欧盟都通过法案将智能电网的建设作为重要战略，组织多个标准化组织进行分工合作，极大地促进了智能电网的标准化工作，使得智能电网成为目前物联网标准化最活跃和有成果的领域，也成为垂直行业标准化的典范。

美国能源部于 2003 年 7 月提出建设现代化电力系统，以确保经济安全和促进电力系统自身的安全运行，并于 2007 年 12 月通过了"能源独立与安全法案 2007"，确立了国家层面的电网现代化政策，并指定由美国标准与技术研究院（NIST）负责协调相关部门和相关标准化组织进行分工合作制订智能电网标准。NIST 制订了 3 个阶段的智能电网互操作计划，并在第二阶段成立了智能电网互操作小组（SGIP），成员包括 680 个组织成员、1 794 位个人成员，主要有电力企业、电子产业提供商、自动化和电器提供商、标准化组织、IT 和电信公司、独立系统运营商和区域性传输组织、产业协会等。在组织成员中包括国际标准化组织（如 IEC）、标准开发组织（如 IEEE、IETF、SAE International 等）、美国标准化组织（如 ANSI、北美电力可靠性委员会等）。NIST 于 2009 年 9 月发布了智能电网互操作框架和演进的 1.0 版本，并于 2010 年 2 月发布了智能电网网络安全战略和需求，包括安全战略、对逻辑接口安全、隐私保护以及对现有相关标准的分析。目前已经发布的指南包括"智能电网互操作框架和路线图草案版本 1.0"，其中包含 25 项标准和 50 项候选标准。

欧盟委员会（EU）的智能电网标准化推动工作从 2009 年 3 月颁发的 M441 指令开始，2010 年 6 月 EU 发布指令 M468，要求欧洲各标准组织回顾和制订电动汽车相关标准，以实现充电器、供电站等相关设备之间的互操作。2011 年 3 月 EU 发布指令 M490，要求欧洲各标准组织在 2012 年底之前制订推动高级智能电网业务应用的标准。2011 年 4 月，EU 发布《Smart Grids: from innovation to deployment》，从标准、管制等方面说明了对智能电网的推动措施。欧盟为推动智能电网的标准化工作,成立了若干专家组,主要的标准化机构包括 ETSI、CEN 和 CENELEC,ETSI 专门成立了 M2M 技术委员会,并完成了 M2M 应用系统架构、智能电网电表等标准。

除了上述的美国和欧盟的强力推动,国际上相关的标准化组织也都在对智能电网的相关标准进行研究,包括 ITU、ISO、ZigBee、OASIS 等,ITU-T 专门成立了智能电网焦点组(SG FG),完成了 5 份技术报告,包括智能电网名词术语、智能电网使用案例、智能电网概述、智能电网的通信需求和智能电网体系架构。中国在智能电网方面也在制订相应的标准,包括国网信通公司和中国通信标准化协会(CCSA)。CCSA 正在制订《面向智能电网中物联网应用的无线技术研究》。

经过各界的努力,智能电网的标准化体系已经初步形成,包括名词术语、需求、体系架构、电力系统标准、无线通信标准、面向物联网的轻量级 IP 标准、互联互通标准等,这些标准不仅为智能电网的实施做出了贡献,也为物联网标准体系奠定了基础。

3. 中国通信标准化协会

中国通信标准化协会(CCSA)于 2010 年 2 月专门成立了"泛在网技术工作委员会"(TC10),下设 4 个工作组,对物联网的共性总体标准、应用标准、网络标准和感知延伸等标准进行了全面的研究。图 1.5 列出了此技术工作委员会的组织架构。自成立以来,TC10 已共计完成行标、技术报告和研究课题立项 31 项,内容涵盖了物联网标准体系中的 3 个层次以及相关的总体架构和公共技术。其中,涉及总体架构和公共技术的立项 6 项,涉及物联网应用层的立项 16 项,涉及物联网网络层的立项 4 项,涉及物联网感知延伸层的立项 5 项。同时 CCSA 与智能交通标准工作组签订了合作协议,与智能交通的标准进行合作。

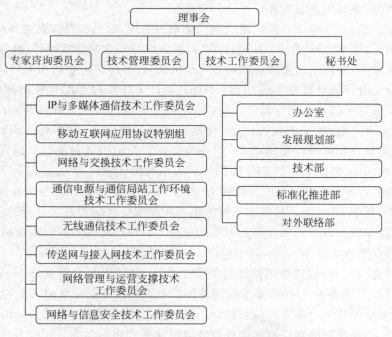

图 1.5　技术工作委员会的组织架构

第 2 章
CHAPTER 2
物联网产业环境、发展现状与发展趋势

2.1 中国物联网产业

2.1.1 中国物联网产业发展的经济和科技环境

1. 中国宏观经济发展现状分析

自 2013 年以来,面对错综复杂的国内外经济形势,中国政府按照稳中求进的工作总基调,统筹稳增长、调机构、促改革,保持定力、稳定政策,稳中有为,创新调控方式,坚持不扩大赤字,不放松也不收紧银根,推出减政放权、贸易投资便利化、利率市场化、扩大营改增试点等多项改革,出台巩固农业基础、释放内需潜力、优化产业结构、化解过剩产能、减轻小微型企业的负担、促进民生改善等政策措施,明确经济增长合理区间的上下限,有效缓解经济下行压力。中国经济运行总体平稳,稳中向好,主要指标处在合理区间,农业丰收已基本成定局,经济发展内生动力增强。结构调整和产业升级呈现积极变化,城镇居民就业继续增加,收入不断提高。

2013 年全年国内生产总值 568 845 亿元,比上年增长 7.7%,高出年初预期目标 0.2 个百分点,2013 年国民经济呈现出整体平稳、稳中有进、稳中向好的姿态,而且增幅超出市场预期的 7.5%。2013 年科技进步对经济增长的贡献率高达 52%,高技术产业增加值增速为 11.7%。我国 2013 年高新技术产业产品出口继续占世界第一位,高新技术产品已经成为带动微末发展的重要力量。2013 年全社会科技研发经费高达 11 906 亿元,高居世界第二位,占中国国内生产总值的 2.09%,研发人员总量 360 万人,居世界第一位。

2. 中国信息化发展现状

纵观全球经济发展趋势,信息化是未来推动经济社会变革的重要力量。整个社会信息化程度的高低决定了一个国家未来的发展潜力。"十一五"期间中国国民经济与社会信息化水平建设得到了大幅提升。国家与企业对信息化科技建设累计投入资金上百亿元人民币,各类电子商务应用已在国民经济中得到全面发展,信息技术在传统产业改造中取得重大进步,计算机辅助设计与制造以及辅助管理在各企业中进一步得到普及。虽然在"十一五"期间中国信息化发展取得显著效果,但是在政务信息化、产业信息化、社会民生信息化以及信息化基础建设与信息安全保障等方面仍有所欠缺。

3. 传统互联网高度发达

互联网是人类智慧的结晶,20 世纪的重大科技发明,当代先进生产力的重要标志。互联网深刻影响着世界经济、政治、文化和社会发展,促进了社会生产生活和信息传播的变革。

互联网推进了中国经济社会发展。在经济领域,互联网加速向传统产业渗透,产业边界日益交融,新型商务模式和服务经济加速兴起,衍生了新的业态。互联网在加速经济结构调整、转变经济发展方式等方面发挥着越来越重要的作用。互联网也日益成为人们生活、工作、学习不可或缺的工具,正对社会生活的方方面面产生着深刻影响。

互联网成为推动中国经济发展的重要引擎,包括互联网在内的信息技术与产业,对中国经济高速增长做出了重要贡献。1994—2010 年,中国信息产业增加值年均增速超过 26.6%,占国内生产总值的比例由不足 1%增加到了 10%左右。

作为中国经济的重要组成部分,互联网产业对拉动内需、保持经济增长方面也发挥了重要作用。而互联网的出现及其初步应用,与互联网有直接或间接的联系。

4. 移动互联网蓬勃发展

移动互联网从核心技术层面定义是,指以宽带 IP 为核心技术,可同时提供语音、数据、多媒体等业务服务的开放式基础电信网络。从中端层面定义:在广义上是指用户使用手机、上网本、笔记本电脑等移动终端,通过移动网络获取移动通信网络服务和互联网服务;在狭义上是指用户使用手机终端,通过移动网络进行互联网站和手机网站浏览,并且获取多媒体、定制信息等其他数据服务和信息服务。

2013 年是中国移动互联网市场爆发式增长的一年。整个行业呈现出蓬勃发展的态势。变化是其主要特征,革新是其主要趋势。我国拥有全世界最多的移动互联网用户,是全球最大的移动互联网市场,但是移动互联网仍需解决人才与技术的难题,这需要国家在政策上加以引导和支持。手机第一上网终端地位更加稳固。如今智能手机已成为人们生活的一部分,人们对智能手机的依赖在不断加强,智能手机正在从各个方面改变人们的生活。根据工信部电信研究所报告数据显示,截至 2014 年 6 月,我国 5.27 亿人通过手机上网,较 2013 年年底增加 2699 万人。"未来的互联网以无线接入为主,有线互联网将只是互联网的一部分"正在成为一种共识。在可预测的将来,移动互联网将引领发展新潮流,移动互联网的市场规模和空间前景广阔。

2.1.2　中国物联网产业发展的政策和社会环境

1. 国家层面高度重视

国家大力培育战略性新兴产业。国际金融危机正在催生新的科技革命和产业革命。发展战略性新兴产业,抢占经济科技制高点,决定国家的未来,必须抓住机遇,明确重点,有所作为。要大力发展新能源、新材料、节能环保、生物药业、信息网络和高端制造产业,积极推进新能源汽车、三网融合取得实质性进展,加快物联网的研发应用,加大对战略性新兴产业的投入和政策支持。

在"十二五"规划中明确指出:全面提高信息化水平。推动信息化和工业化深度融合,加快经济社会各领域信息化。发展和提升软件产业。积极发展电子商务。加强重要信息系统建设,强化地理、人口、金融、税收、统计等基础信息资源开发和利用。实现电信网、广播电视网、互联网三网融合,构建宽带、融合、安全的下一代国家信息基础设施。推进物联网研发应用。以信息共享、互联互通为重点,大力推进国家电子政务网络建设,整个提升政府公共服务和管理能力,确保基础信息网络和重要信息系统安全。

2. 节能环保发展低碳经济的需要

物联网技术应用在环境保护方面已经是很成熟的领域。2010 年开始流行"环境物联网"的概念。随后,在 2011 年很多省市就开始建设"数字环保"项目,也就是"环境物联网项目"。物联网应用于环境保护领域可以优先整合通信基础设施资源和环保基础设施资源,是通信基础设施资源服务于环保行业业务系统运营,提高环保行业业务系统信息化水平,提高环保行业业务系统基础设施的利用率。

"低碳经济"这一最早见于 2003 年的英国能源白皮书《我们能源的未来:低碳经济》的词汇,已经深深烙进了当代世界各国的经济发展。近年来,世界正在酝酿着低碳技术创新,低碳经济的突破可能成为经济危机后新一轮主要带动力量,首先突破的国家可能成为新一轮世界经济增长的领跑者。低碳经济的实质是实现低能耗、低污染、低排放的经济发展模式,已经成为发达国家在后工业时代关注可持续发展的共同选择。

中国是一个能源消耗大国。发展是无限的,但是资源是有限的,怎样用有限的资源来促进发展,这是全国人民现在面临的问题。物联网环保给中国未来的发展带来了希望。物联网技术可以有效促进低碳经济的发展。

3. 发展经济促进产业转型的需要

自党的第十四届五中全会确立实现经济增长方式根本性转变的方针以来,我国经济发展取得了举世瞩目的成就,但我国经济发展走的是一条速度型、粗放型、外延型的道路,已经引发了一系列经济和社会问题,并且给国民经济的持续稳定增长带来威胁。物联网已经成为当今世界新一轮经济和科技发展的战略制高点之一。因此,发展物联网是产业转化必要途径。

依照物联网自身的特点和规律来看,物联网产业发展潜力巨大,大有所为。首先物联网功能多、应用面宽,以市场需求为发展动力。物联网技术的应用是运营、管理和商业模式创新引导的集成创新。发展物联网的动力是满足市场需求、节约能源、降低成本、改善管理、提高效率和便捷生活。物联网不仅应用于诸多影响国际民生的重要行业,而且在日常生活等领域用于巨大潜在市场。其次,物联网产业链长,是制造业与服务业的有机融合,对加快发展现代服务业具有重要意义。

物联网拥有自身独特的技术和产业特征,具有技术创新性强、产业链条长、辐射面宽、应用范围广、附加值高、带动力强的基本特点,是中国战略性新兴产业的重要组成部分,具有重要的战略地位和作用。

在进入金融危机时代,以智能化、低消耗、高效率为特征的物联网产业迅速成为世界各国共同认可的重要发展方向。随着中国物联网技术的不断成熟,传统产业与物联网的深度融合,不仅能够加大地提升中国传统产业的质量和效率,还会催生一大批基于物联网技术的高端服务业,这将是中国转变经济发展方式的重要途径。物联网作为新一代信息技术产业的高度集成和综合运用,已成为当前和未来一个时期中国战略性新兴产业的重要组成部分。

2.1.3 中国物联网环境发展的投资环境

1. 集成电路产业千亿以上规模的国家基金

物联网行业发展多年,受到上游集成电路行业束缚严重。国内电子信息产业经过多年发展,虽然涌现了一批具有一定实力的公司,但总体来说与国际的差距还很大。另外,自"棱镜门"事件之后,信息安全受到了国家最高层的重视,扶持处于信息安全核心地位的集成电路国产化成为必然。

2014—2017 年国家集成电路扶持基金总额度为 1200 亿元。扶持基金由财政拨款 300 亿元、社保基金 450 亿元、其他 450 亿元组成。扶持基金将以股权投资的方式进入集成电路企业,国开行负责组建基金公司统筹,由基金公司挑选优质企业进行投资,其中 40% 投入芯片制造,30% 投入芯片设计。这是国内集成电路产业最大规模的扶持基金,超过了这个行业过去 10 年的研发投入总额。有了国家层面的资金扶持,意味着集成电路龙头企业能够更好地开展投资、并购,改变过去的分散式扶持方式,推进产业整合,提升龙头厂商在国际上的竞争力。

2. 互联网金融 2014 年快速发展

随着 TMT 行业的迅速发展,正规金融机构却一直未能有效解决 TMT 行业中科技型中小企业融资难的问题。现代信息技术大幅度降低了信息不对称和交易成本,使互联网金融在商业上成为可行,催生了该行业的兴起和发展。广义的互联网金融包括第三方支付、P2P 小额信贷、众筹融资、新型电子货币以及其他网络金融服务平台。其中,P2P 和众筹融资分别从债权和股权的角度填补了传统金融行业服务的空缺。

P2P 小额信贷是一种将互联网、小额信贷等紧密联系的个人对个人的直接信贷模式。通过 P2P 网络融资平台,借款人直接发布借款信息,出借人了解对方的身份信息、信用信息之后,可以直接与借款人签署借款合同,提供小额贷款,并能及时获知借款人的还款进度,获得投资回报。目前国内知名的 P2P 融资平台有宜信网、人人贷、有利网等。近两年 P2P 行业经历了爆炸式的发展历程,令人瞩目。据行业统计,2013 年全国共有 P2P 网站约 800 家,全年行业总成交量 1058 亿元。至 2014 年上半年,P2P 网贷平台已增至 1184 家。同时,2014 年上半年 P2P 行业成交量为 818.37 亿元。

众筹融资是通过社交网络募集资金的互联网金融模式,就是集中大家的资金、能力和渠道,为小企业或个人进行筹资。这种模式的兴起打破了传统的融资模式,人人均能通过该种众筹模式获得从事某项创作或活动的资金,使得融资的来源不再局限于风投等机构。2014

年上半年,我国互联网股权类众筹募资超过了 1.56 亿元。

3. 物联网专项基金的设立为物联网企业开辟了新的融资渠道

物联网专项基金指专门用于鼓励物联网企业进行技术创新,优化物联网企业的股权结构的资金。中国目前已经形成基本齐全的物联网产业体系,网络通信相关技术和产业支持能力与国外差距相对较小,但高端传感器、超高频 RFID 等感知端制造产业、高端软件与集成服务与国外差距相对较大。为了缩小与国外技术的差距、优惠民生、科技强国,国家预计在 5 年内发放物联网专项基金总计 50 亿元,首批 5 亿元物联网专项基金申报工作已基本完成。

专项基金的设立一方面给物联网企业提供了一个新的融资渠道,另一方面也从资本、技术、管理、人才等要素出发,规范和促进物联网企业合理、快速地发展。

我国高度重视物联网产业发展,已累计安排专项资金 15 亿元,支持了 500 多个研发项目,其中 2011—2013 年分别支持了 110、149 及 122 项,一般单个项目获得支持资金在 300 万～500 万元。

2.1.4　中国物联网产业与发展现状

自 2009 年 8 月温家宝总理提出"感知中国"以来,物联网被正式列为国家五大新兴战略性产业之一,写入"政府工作报告",物联网在中国受到了全社会极大的关注,其受关注程度是在美国、欧盟以及其他各国不可比拟的。

在应用发展方面,物联网已在中国公共安全、民航、交通、环境监测、智能电网、农业等行业得到初步规模性应用,部分产品已打入国际市场,如智能交通中的磁敏传感节点已布设在美国旧金山的公路上;中高速图传传感设备销往欧洲,并已安装于警用直升机;周界防入侵系统水平处于国际领先地位。智能家居、智能医疗等面向个人用户的应用已初步展开,如中国科学院与中国移动集团已率先开展紧密合作,围绕物联网与 3G 的 TD 蜂窝系统两网融合的三步走路线,积极推动物物互联的新业务,寻求 3G 业务的全新突破。

总体看来,中国物联网研究没有盲目跟从国外,而是面向国家重大战略和应用需求,开展物联网基础标准体系、关键技术、应用开发、系统集成和测试评估技术等方面的研究,形成了以应用为牵引的特色发展路线,在技术、标准、产业及应用与服务等方面,接近国际水平,使中国在该领域占领价值链高端成为可能。

1. 产业规模

信息获取、信息传输、信息处理是信息领域的三大技术支柱。以物联网为代表的信息获取技术的突破,将从虚拟信息空间、人人互联发展到对现实物理世界的感知,为信息传输和信息处理提供更为丰富的需求源泉和强大的发展助力,将掀起第三次产业化浪潮。物联网市场潜力巨大,物联网产业在自身发展的同时,还将带动微电子技术、传感元器件、自动控制、机器智能等一系列相关产业的持续发展,带来庞大的产业集群效应。据赛迪顾问统计,2010 年中国物联网产业规模为 1933 亿元,市场前景将远远超过计算机、互联网、移动通信等市场。

2. 物联网在中国的行业现状

2011 年是"十二五"的开局之年,也是中国物联网发展从概念走向现实、加快推进"产业发展与应用引领"之年。随着物联网技术应用与产业发展的逐步深入,中国的物联网发展既具备了一些国际物联网发展的共性特征,也呈现出一些鲜明的中国特色和阶段特点。

（1）多层面的政策投入成为推动现阶段中国物联网产业发展的最强动力。如果说国外物联网产业发展属于"市场驱动型",国内更贴近"政策驱动型"。可以预见,未来中长期内,物联网将成为国家推进信息化工作的重点,政策支持力度可望继续加大。

（2）中国物联网各层面技术成熟度不同,传感器技术是攻关重点。总体来看,物联网的技术门槛似乎不高,但核心环节关键技术的成熟度参差不齐,导致物联网产业标准制定和应用发展迟缓。虽然从全球物联网发展来看,中国与美欧日韩等并驾齐驱,但目前在物联网核心器件和软件方面尚做不到自主可控。

（3）物联网产业链逐步形成,物联网应用领域逐渐明朗。经过业界的共同努力,国内物联网产业链和产业体系逐渐形成,产业规模快速增长。安防、交通和医疗三大领域,有望在物联网发展中率先受益,成为物联网产业市场容量大、增长最为显著的领域。

（4）标准化建设取得初步进展。中国与美、欧、日、韩等一样在物联网技术方面领先,是物联网国际标准的主要制定国之一,在建立自主标准方面具有一定优势,并有主导标准的机会。不过,在物联网总体标准体系建设方面,由于目前国内外并没有统一标准,短期内还无法完成。

（5）地方政府积极参与,成为物联网发展的重要推动力量。"智慧城市"建设是中国城市化推进到一定水平的必然产物,对目前刚刚起步的物联网产业发展意义重大。国家倡导发展物联网产业,借以实现经济转型和工业化与信息化的融合,各地政府纷纷响应,高度重视物联网产业。中国已有 28 个省市将物联网作为新兴产业发展重点之一,不少一二线城市在建设或筹建物联网产业园。

（6）自 2009 年 8 月国家提出在无锡建设国家传感网创新示范区（"感知中国"中心）以来,无锡以引领全国物联网发展为目标,以创新为驱动,以应用为牵引,以企业为主体,抢抓机遇,汇聚各类优势资源,把握产业发展制高点,优化创新创业环境,按照"一核多元"的产业布局,打造辐射全国的国家传感网创新示范区。

3. 物联网在中国的重点应用领域

目前物联网与安防、电力、交通、医疗、物流几大行业的联系更加紧密,应用层面更加广泛和深入。在安防领域,物联网在安防入侵、网络视频监控以及智能家居等细分安防领域得到了良好的应用;在电力行业,无线电表的远程抄表、对配电变压器的运行状态进行实时监测、用电检查、电能质量监测、负荷管理、线损管理、需求管理等应用正在逐步拓展;在交通领域,通过在出租车及公交车上安装无线终端设备,实现对车辆的管理和调度;在物流领域,食品、药品等物品仓储、运输、监测等多个环节都不断释放出对物联网的需求;在医疗领域,面向病房、手术室、保健室等应用场景的物联网产品及解决方案正在日趋成熟。此外,物联网在智能楼宇、路灯监控、动物溯源、环境监测等方面应用步伐也在不断加快。

2010 年,安防和电力两大行业居于中国物联网应用市场前两位,它们合计占据了接近六成的市场份额。交通、医疗、物流市场规模也均超过了 50 亿元，所占比例分别为 9.3%、5.0%、3.4%，电力占 14.8%、交通占 9.3%、物流占 3.4%。

1) 智能安防

中国安防电子市场的快速发展为物联网面向安防领域渗透发展提供了良好的环境。目前中国有三大安防产业基地：以深圳、广州为代表的珠江三角洲产业基地；以杭州、上海为代表的长江三角洲产业基地；以天津、北京为代表的京津环渤海经济区产业基地。

近几年，中国安防市场保持较快增长态势。2010 年，中国安防市场规模达到了 869.8 亿元，较上年增长 12%。目前，从中国安防电子企业所生产的产品应用领域来看，产品主要体现在视频监控、出入控制、社区防范、防盗报警等几大方面。而从技术和产品两个层次来看，这几大方面均有物联网的应用拓展空间。随着中国经济的发展，智能建筑、大型公共场所、商场、新型社区、工厂企业等的大量增加以及居民消费水平和结构的变化，人们对安防产品的需求不断提高。此外，安防产品本身正在朝向数字化、智能化、网络化、移动化、集成化与自动化方向不断发展，所以未来中国安防电子市场的需求将会不断释放，产品将持续升级，这将会使得物联网面向安防领域渗透发展面临良好的机遇。

2) 智能电力

中国智能电网理论和实践的发展为物联网在电力行业的应用奠定了基础。综观中国智能电网理论和实践发展历程，中国智能电网研究起步相对较早，早在 2000 年，卢强院士就提出"数字电力系统"（DPS）的概念。数字电力系统是将信息技术和电网技术相结合的最原始、最朴素的想法，同时也是中国智能电网的理念雏形和理论奠基石。

2010 年 4 月 20 日，国家电网公司发布的《国家电网公司绿色发展白皮书》披露的数据显示，国家电网公司预计在 2020 年基本建成坚强智能电网，全力提升消纳清洁能源能力，助力电力系统提升能源利用效率，积极推动电力装备业和全社会节能。

2010 年，中国各地智能电网工程也在加速布局。2010 年 3 月，国家电网公司宣布，未来 10 年将在三峡库区投资 243 亿元建设坚强智能电网。此外，国家电网在北京、天津、浙江、陕西等地的下属各公司，都已分领域启动智能电网试点工作。2010 年 4 月，南京江宁经济技术开发区与国内 4 家智能电网企业签订合作协议，1000 多亩（666 666.7m²）智能电网与低碳经济示范园区开工建设。同期，扬州"智谷"暨智能电网展示中心在扬州经济技术开发区正式启动。

3) 智能交通

一些具体城市的智能交通系统（Intelligent Transport System，ITS）建设可显示出中国在 ITS 建设方面取得的初步成果。北京建立了交通管理中心，上海实施了高架路速度管理和诱导以及可变标志指引，青岛建立了公交调试系统、长途管理系统等。而广州在 ITS 建设方面取得了较大进展，例如，他们建立了交通综合信息平台，可将公交车、出租车及客运车联系起来，依靠 7000 多辆车上的 GPS 系统，将交通信息传到交通综合信息平台，使信息平台可以提供各个路段的交通拥堵情况。再如，广州还建立了高速公路综合管理示范项目，可将通信、监控、收费集成到一个系统中。此外，广州还研发了不停车收费系统，已有 2100km 的高速公路装备了不停车收费系统，3 个月就有 3 万多台不停车收费车载装置售出，可见市场潜力巨大。与此同时，有关单位还在积极进行一些项目的开发，如清华大学、国家 ITS 中心都在进行智能车辆系统的开发。物联网在交通行业的主要应用场景包括不停车收费系统

（ETC）、车辆定位与调度、车辆智能导航以及道路交通状况实时监控。

4）智能物流

在国家信息化建设全面升级的今天，物联网在铁路运输、民航管理、水运管理和仓储物流等方面也发挥着巨大作用。物流产业与物联网产业的结合发展已经成为趋势。现代物流产业和物联网产业的融合发展，物联网技术已经成为整合优化资源、提升物流能力、促进物流业与制造业良性互动的重要途径，同时为物联网技术的应用提供了广阔的平台。

目前，中国的物流企业群体正加速成长，物流集聚区逐步形成，物流运作的设施设备、信息化水平、行业基础工作和政策环境有了较大改善，出现了持续平稳快速发展的势头。

中国以市场为主导的物联网应用需求仍处于前期培育阶段，主要的几种应用包括车辆定位与调度、货物溯源、智能物流配送中心以及企业智能供应链。

5）智能医疗

在医疗行业，人体健康监测传感器网络已经成为业界关注的热点之一。人体健康监测传感器网络主要可用于人体的监护、生理参数的测量等，可以对于人体的各种状况进行监控，将数据传送到各种通信终端上。监控的对象不一定是病人，也可以是正常人。各种传感器可以把测量数据通过无线方式传送到专用的监护仪器或者各种通信终端上，如 PC、手机、PDA 等。目前研究认为，人体上或者内部可以布置 10～20 个各类传感器。每在疾病预防上投资 1 元，可以在将来节省数十元乃至上百元的医疗开支。据统计，美国医疗系统每年花费近 2 万亿美元，但与美国人的健康维护和促进几乎没有什么关系。人群中最不健康的 1% 和患慢性病的 19% 的人口共用了 70% 的医疗卫生费用，而最健康的 70% 的人口只用了 10% 的医疗费用。据粗略估算，假设每个人体传感网的成本在 5000 元，能够被全国 1% 的人口采用，则市场规模在 650 亿元以上。以每投入 1 元健康监测、预防换来 10 元的医疗开支减少估算，预计每年节省的开支达 6500 亿元。

智能医疗是物联网的重要研究领域，物联网利用传感器等信息识别技术，通过无线网络实现患者与医务人员、医疗机构、医疗设备间的互动。目前中国物联网在医疗行业的主要应用包括远程医疗监护、无线查房、患者位置监控以及移动医护。

2.2　全球物联网产业

2.2.1　全球物联网产业发展的经济和科技环境

目前全球物联网仍处于概念、论证与试验阶段，处于攻克关键技术、制定标准规范与研究应用的初级阶段，但已具备较好的基础。未来几年，全球物联网市场规模将出现快速增长，据相关分析报告，2007 年全球市场规模达到 700 亿美元，2008 年达到 780 亿美元，2012 年全球市场规模超过 1700 亿美元，2015 年将接近 3500 亿美元，年增长率接近 25%，未来 10 年物联网将实现大规模普及。其中，微加速度计、压力传感器、微镜、气体传感器、微陀螺等器件已在汽车、手机、电子游戏、生物、传感网络等消费领域得到广泛应用，大量成熟技术和产品为物联网大规模应用奠定了基础。

国际物联网知识产权的进展也从另一方面反映出物联网产业发展仍处于导入期。截至

2008 年年底,根据国家知识产权专利数据库和德温特世界专利数据库资料的统计,国外关于传感网的专利有 1126 项。从专利分布情况来看,在申报的 1126 项专利中,基础和核心专利分别只有 15 项和 503 项,分别占整个比例的 1％和 45％,而外围专利达到了 608 项,占整个比例的 54％,基础专利和核心专利所占比例较小,其基本状况符合物联网是新兴的通信应用网络以及物联网产业化还处于刚刚兴起的阶段这一现状。

西方发达国家对物联网高度重视,并将其作为未来发展的重要内容。美国将微纳传感技术列为经济繁荣和国防安全两方面至关重要的技术,以物联网应用为核心的"智慧地球"计划也得到了奥巴马政府的积极回应和支持,其经济刺激方案将投资 110 亿美元用于智能电网及相关项目;欧盟 2009 年 6 月制定并公布了涵盖标准化、研究项目、试点工程、管理机制和国际对话在内的 14 点行动计划。日本的 U-Japan 计划将物联网作为四项重点战略之一。韩国的 IT839 战略将泛在物联网 USN 作为三大基础建设之一,其中的 U-Life 计划的目标更是要在 2014 年建成松岛泛在城市,投资约 250 亿美元。同时还有新加坡的"下一代 I-Hub"计划、中国台湾的 U-Taiwan 计划等都将物联网作为当前发展的重要战略目标。

2.2.2　全球物联网产业发展的政策和社会环境

目前,全球物联网已从概念论证阶段步入攻克关键技术、制定标准规范与研发应用的初级阶段,并且已具备大规模应用的基础条件。2007 年以来,全球物联网始终保持较快的发展速度,年平均增长率接近 20％。2013 年,全球物联网创造了 2000 亿美元的市场规模,年增长率达到 26.6％。2014 年全球市场规模达到 2550 亿美元,2016 年达到 4320 亿美元,2013—2016 年间,全球物联网年平均增长速度达到 28.6％。物联网技术的快速发展为物联网大规模应用创造了良好的基础条件,目前,微加速计、压力传感器、微镜、气体传感器、微陀螺等器件已在汽车、手机、电子游戏、生物医疗、传感网络等消费领域得到广泛应用。

当前,以移动互联网、物联网、云计算、大数据等为主导的新一代信息通信技术创新活跃,发展迅猛,正在全球范围内掀起一轮科技革命和产业变革。物联网通过与其他 ICT 技术的不断融合,正加速与制造技术、新能源、新材料等其他领域的渗透。面对国际金融危机引起的经济困局,以及新一轮技术革命可能带来的历史机遇,发达国家政府纷纷进行物联网战略布局,开始重新审视实体经济和制造业战略地位,瞄准重大融合创新技术的研发与应用,寻找新一轮增长动力,以期把握未来国际经济科技竞争的主动权。

美国:继提出制造业复兴战略以来,逐步将物联网的反战和重塑美国制造优势计划结合起来,以期重新占领制造业制高点。

欧盟:欧盟 2013 年通过了"地平线 2020"科研计划,旨在利用科技创新促进增长、增加就业,以塑造欧洲在未来发展的竞争新优势。"地平线 2020"计划中,物联网领域的研发重点集中在传感器、架构、标识、安全与隐私、语义互操作性等方面。

德国:德国联邦政府在《高技术战略 2020 行动计划》中明确提出工业 4.0 理念。工业 4.0 作为未来十大行动计划之一,政府将投资超过 2 亿欧元,从而巩固德国在工业制造领域的优势地位。在 2013 年 4 月汉诺工业博览会上,德国正式发布了关于实施"工业 4.0"战略的建议。工业 4.0 将软件、传感器和通信系统集成于 CPS,通过将物联网与服务引入制造业重构全新的生产体系,改变制造业发展方式,形成新的产业革命。

　　韩国：2013 年 10 月,韩国政府发布了 ICT 研究与开发计划 ICT WAVE,目标是未来 5 年投入 8.5 万亿韩元,在内容、平台、网络、设备和安全五大领域发展十大 ICT 关键技术和 15 项关键服务,其中物联网平台被列入十大关键技术。韩国科学信息通信技术和未来规划部还计划在 2014 年推出物联网国家行动计划,进一步推动 ICT 与其他产业的融合。

　　未来,随着各国对物联网产业投资力度的进一步加大,以物联网应用带动物联网产业将成为各个发展的主要方向。物联网将朝着规模化、协同化和智能化方向发展。

2.2.3　全球物联网产业发展的投资环境

　　近年来,美国、日本、欧盟等全力助推物联网发展,尤其在国际金融危机之后,更是加大了刺激措施,试图将物联网作为振兴经济、抢占未来国际竞争制高点的"法宝"。美国政府在 2008 年年底将 IBM 公司提出的"智慧的地球"计划,作为美国信息化战略的重要内容,并将物联网列为"2025 年对美国利益潜在影响最大的关键技术"。美国总统奥巴马就职后,将"新能源"和"物联网"列为振兴经济的两大"武器"。未来几年,美国在"智能电网"方面将投资 110 亿美元,对卫生、医疗、信息技术应用投入 190 亿美元。日本在 2009 年 3 月提出"数字日本创新计划",在同年 7 月进一步提出"i-Japan 战略 2015",其中交通、医疗、智能家居、环境监测、物联网是重点。日本早在 2004 年推出了基于物联网的国家信息化战略 u-Japan。U 代指英文单词 ubiquitous,意为"普遍存在的,无所不在的"。该战略意旨催生新一代信息科技革命,实现无所不在的便利社会。u-Japan 由日本信息通信产业的主管机关总务省提出,即物联网战略。韩国信息通信产业部在 2004 年成立了 u-Korea 策略规划小组,并在 2006 年确立了相关政策方针。欧盟围绕物联网技术和应用做了不少创新性工作。2009 年 10 月,欧盟委员会以政策文件的形式对外发布了物联网战略,提出要让欧洲在基于互联网的智能基础设施发展上领先全球,除了通过 ICT 研发计划投资 4 亿欧元,启动 90 多个研发项目提高网络智能化水平外,欧盟委员会还将于 2011—2013 年间每年新增 2 亿欧元进一步加强研发力度,同时拿出 3 亿欧元专款,支持物联网相关公私合作短期项目建设。在 2009 年 11 月的全球物联网会议上,欧盟专家介绍了《欧盟物联网行动计划》,意在引领世界物联网发展。欧盟已推出的物联网应用主要包括:各成员国在药品中越来越多地使用专用序列码,确保了药品在到达病人手中之前就可得到认证,减少了制假、赔偿、欺诈现象的发生和药品分发中出现的错误。序列码能够方便地追踪用户的医药产品,确保欧洲在对抗不安全药品和打击药品制假中取得成效。一些能源领域的公共性公司已开始设计智能电子材料系统,为用户提供实时的消费信息。这样一来,电力供应商也可以对电力的使用情况进行远程监控。在一些传统领域,如物流、制造、零售等行业,智能目标推动了信息交换,缩短了生产周期。

2.2.4　全球物联网产业与企业发展现状

　　2009 年世界经济陷入衰退的泥潭,表象是金融行业过度创新引起国际金融秩序紊乱,为摆脱金融危机,实现经济持续发展,主要国家均将培育新的经济增长点作为"治病良方"。物联网则被广泛认为是振兴经济、确立竞争优势的关键战略。与互联网类似,物联网在生产生活中具有极强的渗透性,具备发展成为新经济增长点的巨大潜能,可为全球经济复苏提供技术动力。

1. 美国

美国 IBM 公司于 2008 年 11 月对外公布了智慧地球战略,其中提到,在信息文明的下一个发展阶段,人类将实现智能基础设施与物理基础设施的全面融合,实现 IT 与各行各业的深度融合,从而以科学和智慧的方式对社会系统和自然系统实施管理。"智慧地球"提出"把感应器嵌入和装备到电网、铁路、桥梁、隧道、公路、建筑、供水系统、大坝、油气管道等各种物体中,并且被普遍连接,形成物联网,并通过超级计算机和云计算将物联网整合起来,实现人类社会与物理系统的整合"。"智慧地球"的本质是以一种更智慧的方法,利用新一代信息通信技术来改变政府、公司和人们相互交互的方式,以便提高交互的明确性、效率、灵活性。该战略预言,"智慧地球"战略能够带来长短兼顾的良好效益,尤其是在当前的局势下,对于美国经济甚至世界经济走出困境具有重大意义。在短期经济刺激方面,该战略要求政府投资于如智能铁路、智能高速公路、智能电网等基础设施,能够刺激短期经济增长,创造大量的就业岗位;其次,新一代的智能基础设施将为未来的科技创新开拓巨大的空间,有利于增强国家的长期竞争力;第三,能够提高对于有限的资源与环境的利用率,有助于资源和环境保护;第四,计划的实施将能建立必要的信息基础设施。

2008 年 12 月,奥巴马向 IBM 咨询了智慧地球的有关细节,并共同就投资智能基础设施对于经济的促进效果进行了研究。2009 年 1 月 7 日,IBM 与美国智库机构信息技术与创新基金会(ITF)共同向奥巴马政府提交了"The Digital Road to Recover A Stimulus Plan to Create Jobs,Boost Productivity and Revitalize America"(《数字之道》来为美国经济的发展提供一个新的经济计划支持,以提高美国的生产和发展),提出通过信息通信技术(ICT)投资可在短期内创造就业机会。并且同时带动美国长期发展,其中鼓励物联网技术发展政策主要体现在推动能源、宽带与医疗三大领域开展物联网技术的应用。

目前,美国已在多个领域应用物联网,如得克萨斯州的电网公司建立了智慧的数字电网。这种数字电网可以在发生故障时自动感知和汇报故障位置,并且自动路由,10s 之内就恢复供电。该电网还可以接入风能、太阳能等新能源,大大有利于新能源产业的成长。相配套的智能电表可以让用户通过手机控制家电,给居民提供便捷的服务。

2. 欧盟

欧盟围绕物联网技术和应用做了不少创新性工作。在 2009 年 11 月的全球物联网会议上,欧盟专家介绍了《欧盟物联网行动计划》,意在引领世界物联网发展。在欧盟较为活跃的是各大运营商和设备制造商,他们推动了 M2M(机器与机器)的技术和服务的发展。

从目前的发展看,欧盟已推出的物联网应用主要包括以下几个方面:随着各成员国在药品中开始使用专用序列码的情况逐渐增多,确保了药品在到达病人前均可得到认证,减少了制假、赔偿、欺诈和分发中的错误。由于使用了序列码,可方便地追踪到用户的产品,从而提高了欧洲在对抗不安全药品和打击制假方面的措施力度。

此外,一些能源领域的公共性公司已开始部署智能电子材料系统,为用户提供实时的消费信息。同时,使电力供应商可对电力的使用情况进行远程监控。在一些传统领域,如物流、制造、零售等行业,智能目标推动了信息交换,提高了生产周期的效率。

3. 日本和韩国

日本和韩国在 2004 年都推出了基于物联网的国家信息化战略,分别称为 u-Japan 和 u-Korea。该战略是希望催生新一代信息科技革命,实现无所不在的便利社会。

物联网在日本已渗透到人们衣食住行中。松下公司推出的家电网络系统可供主人通过手机下载菜谱,通过冰箱的内设镜头查看存储的食品,以确定需要买什么菜,甚至可以通过网络让电饭煲自动下米做饭;日本还提倡数字化住宅,通过有线通信网、卫星电视台的数字电视网和移动通信网,人们不管在屋里、屋外还是在车里,都可以自由自在地接受信息服务。

u-Japan 战略的理念是以人为本,实现所有人与人、物与物、人与物之间的连接。为了实现 u-Japan 战略,日本进一步加强官、产、学、研的有机联合,在具体政策实施上,将以民、产、学为主,政府的主要职责就是统筹和整合。

通过实施 u-Japan 战略,日本希望开创前所未有的网络社会,并成为未来全世界信息社会发展的楷模和标准,在解决其高龄化等社会问题的同时,确保在国际竞争中的领先地位。

同样,韩国信息通信产业部在 2004 年成立了 u-Korea 策略规划小组,并在 2006 年确立了相关政策方针。2009 年 10 月,韩国通过了物联网基础设施构建基本规划,将物联网市场确定为新增增长动力,至 2013 年物联网产业规模已达 50 万亿韩元。韩国通信委员会相关人士表示,委员会已经树立了到 2012 年"通过构建世界最先进的物联网基础实施,打造未来广播通信融合领域超一流 ICT 强国"的目标,并为实现这一目标确定了构建物联网基础设施、发展物联网服务、研发物联网技术、营造物联网扩散环境等四大领域、12 项详细课题。

2.3　物联网发展趋势

2.3.1　中国物联网发展趋势

自从"感知中国"提出后,物联网发展快马加鞭,大有成为新兴产业领头羊的意味。原信息产业部部长、中国电子学会名誉理事长吴基传表示,近年来,以物联网、云计算、移动互联网为代表的新一代信息技术得到迅猛发展,成为电子信息领域技术创新、产业升级的重要方向。以物联网为例,随着其概念的不断推广和普及、核心技术的不断突破、应用领域的不断深入,物联网被认为是具有发展潜力的朝阳产业,世界许多国家纷纷制定了支持物联网发展的国家战略,力图抢占新一轮产业发展的制高点。工业和信息化部总经济师周子学认为,物联网是新一代信息技术的高度集成和综合运用,是国家战略性新兴产业的重要内容。以 2009 年国家传感网无锡创新示范区设立为标志,我国物联网发展和应用进入实质性推进阶段。

2012 年中国物联网产业市场规模达到 3650 亿元,比上年增长 38.6%。到 2015 年,通过突破一批物联网核心技术,带动典型应用,我国将初步形成物联网产业体系。

有业内人士介绍说,在第一届物联网大会上,人们还主要是探讨物联网的概念,到今年第四届物联网大会,记者注意到,发言嘉宾的话题全部集中在各种物联网技术和应用上。这表明,物联网技术在我国已经进入了实质应用阶段。"物联网带来了新一代信息技术的高度集成和综合应用,在一些行业取得了典型应用成果,全国物联网发展取得了一定的成就。但在蓬勃发展的同时,还必须保持清醒认识,以科学的精神,既要抓住发展机遇,又要迎接新挑战。"这是吴基传讲话的基调。

为培育万亿元市场,必须既抓好技术研发,又抓好应用推广。周子学指出,目前,已经建立了物联网发展部际联席会议制度,编制并发布了《物联网"十二五"发展规划》和示范区发展规划纲要,设立了物联网发展专项资金,在关键核心技术研发、产业基础培育、网络信息安全保障等方面,还有大量的工作要做。

在技术研发上,专家强调,加强协同,组织重大技术攻关,着力突破核心芯片、软件、元器件、仪器仪表等领域的关键共性技术,加快基础共性标准、关键技术标准和重点应用标准的研究制定,形成完善的物联网技术标准支撑体系。

在应用推广上,着重于生产制造、节能减排、安全生产、物流配送等领域,抓好一批效果突出、带动性强、关联度高的典型应用示范工程,推动物联网技术集成应用。

此外,通过民生工程的带动,打造"全民的物联网"。面向国际、国内两个市场,强化国际交流合作,努力探索出一个国际化的协同创新体系,有效利用全球资源推动物联网技术突破和产业发展。

值得提出的是,物联网应用中产生的大数据受到与会专家关注。中国工程院院士、中国电子学会物联网专家委员会主任委员邬贺铨在题为"物联网与大数据"的主题报告中,通过具体的案例深入剖析了"格物致知"的新意以及大数据与物联网的关系。他说,物联网产生大数据,美国的医院每年产生 500TB 数据,中国的淘宝、新浪微博、百度、中国联通、国家电网等每日也产生海量数据。

物联网加快大数据时代来临。邬贺铨认为,物联网产生的大数据与一般的大数据有不同的特点:物联网的数据是异构的、多样性的、非结构和有噪声的,更大的不同是它的高增长率。物联网数据也是社交数据,是物与物、物与人的社会合作信息。另外,大数据助力物联网,不仅仅是收集传感性的数据,实物跟虚拟物要结合起来,物联网要进行一定模式的过滤。最后,邬贺铨强调,大数据在个性化医疗应用、智能交通、社会管理等领域拥有更广阔的发展空间。

物联网是张巨大的网,各地政府都在积极行动,投入到物联网大潮中去。据记者从大会上了解,目前全国已有 28 个省份将物联网作为新兴产业发展重点,并制定了物联网发展规划,大力建设物联网产业园。但也有专家指出,目前国内物联网产业园区的建设多为从属和配套行业,看似产值很大,其实并非物联网的核心。

因此,这次物联网大会开设了智慧城市论坛,试图把人们的眼光从产业园区"搬到"智慧城市。"十二五"期间,我国将有 600～800 个城市加入到"智慧城市"队伍中来。

目前在智慧城市建设中,很多都注重发展一卡通、智能医疗、智能交通,这些其实都是物联网的典型应用。但专家表示,当前智慧城市建设确实存在规划不到位、碎片化的情况。

因此,国家应尽快制定总体的框架性的规范,下决心重点选择若干个有条件的城市做试点示范,做到以点带面、重点突破。要以应用为中心,发展一些以应用为重点的示范系统。

当然,就像建设全民的物联网一样,智慧城市的最终目标是让最广大的人民群众受益,即牢固树立市民作为主角的思想,建设市民的智慧城市,而不仅仅是政府的智慧城市。

智慧城市是物联网最好的"落脚点"。会上，专家建言，只有定位于市民的主体地位，才能充分发挥市场推动作用，找到好的商务模式、盈利模式，才能让智慧城市成为真正的宜居城市，成为物联网的载体。

2.3.2　全球物联网发展趋势

物联网将是下一个推动世界高速发展的"重要生产力"，是继通信网之后的另一个万亿级市场。物联网是新一代信息网络技术的高度集成和综合运用，是新一轮产业革命的重要方向和推动力量，对于培育新的经济增长点、推动产业结构转型升级、提升社会管理和公共服务的效率和水平具有重要意义。发展物联网必须遵循产业发展规律，正确处理好市场与政府、全局与局部、创新与合作、发展与安全的关系。近几年物联网也有了较大的发展，如图 2.1 所示。

图 2.1　物联网广大的发展领域

物联网有望步入快速发展期。

工信部经研究认为，中国潜在的制高点是互联网和传统工业行业的融合，智能制造是较好的切入点和当前的主攻方向。物联网便可看成是当前切入点之一。中国电子信息产业集团总经理刘烈宏表示，中国制造 2025 的一个重要升级方向，就是要探索如何运用智能化、网络化、数字化的技术，再结合物联网和互联网，在这个基础上，来打造中国整个先进制造的体系，是整个中国工业的升级版。

在产业技术升级和投资需求扩大的情况下，物联网发展或将步入快车道。一看产业前景。中国制造向智能化、自动化、互联网化的升级中，工业互联网成为主线。工信部部长苗圩表示，工业互联网是新一轮工业革命和产业变革的一个重点发展领域，其核心便是物联网。2015 年我国物联网整体市场规模达到 7500 亿元，年复合增长率约为 30%。二看产业效益。据国际权威机构估算，未来 20 年，工业互联网的发展至少可以给中国带来 3 万亿美元左右的 GDP 增量。物联网规模将会远超移动互联网，是下一个万亿元规模的产业。

物联网的机会在于相关企业利用技术投身更多行业应用，并且服务于民。在南京邮电大学副校长、江苏省物联网技术与应用协同创新中心主任朱洪波看来，"物联网的智慧服务包括工业制造和信息消费的智慧化服务，物联网未来发展的重点任务将是建设包括满足智能生产制造的'智慧工厂'，以及满足智能用户消费的'智慧商店'。目前，基于物联网智能制造'工业 4.0'制定的'中国制造 2025'计划已经成为我国今后 10 年的产业发展战略。"

面对机遇，当前也应认识到，中国制造面临的挑战具有普遍性。博时基金研报表示，中国不少产业仍处在工业 3.0 阶段，如机器人、增材制造等核心技术还有待提高，技术路线和标准也有待统一，工业 4.0 将是中国未来工业的发展方向，"中国制造 2025"则将成为经济稳定发展的重要支撑。

体现在具体行业中，有如我国物联网的发展也面临标准缺失、核心技术相对薄弱、信息安全保障仍待提高等现实问题。当下，智能家居成为产业链各方争相发展的热点，传统电信运营商、家电企业、互联网巨头等均有大动作，但行业标准缺失问题突出，出现有线产品不能升级扩容、无线射频产品不稳定等现象。长期来看，对企业和用户都会产生负面影响，如何统一标准、整合资源、提高安全性能值得深思。就运营商来说，面对的是越发强大的互联网竞争对手，如何激励创新，以差异化取胜，更是不能忽略的问题。产业转型不应只是技术的更新升级，还应包括商业模式的与时俱进。分析认为，4G 将推动物联网再上新台阶。北京经济和信息化委员会主任朱炎表示，"物联网产业的发展一定是应用为先、应用为导向的，需要发挥政府各个部门的积极性，要结合公共领域的重大项目示范应用推动产业发展。"

总体而言，两化融合更趋深入，为中国制造的发展带来新的契机。相关行业只有认识和适应新常态，在中国制造的新兴路线图的新规则面前有新举措，才能抓住新机遇，才能事半功倍。中国工程院李培根院士指出，"中国制造 2025"在目标上要实现制造业增加值稳居世界第一，在策略上要通过智能制造、提升产品设计能力、完善制造业技术创新体系、推进工业强基工程、提升产品质量等方面入手，进一步实现结构优化。

第 3 章
CHAPTER 3 | 物联网重点应用领域与机遇

3.1 物联网重点应用领域

物联网应用涉及国民经济和人类社会生活的方方面面,因此,"物联网"被称为是继计算机和互联网之后的第三次信息技术革命。信息时代,物联网无处不在。由于物联网具有实时性和交互性的特点,因此,物联网的应用领域主要有以下几个。

3.1.1 物联网医疗

物联网技术在医疗卫生领域的主要应用技术在于物资管理可视化技术、医疗信息数字化技术、医疗过程数字化技术 3 个方面。

1. 医疗器械与药品的监控管理

借助物资管理的可视化技术,可以实现医疗器械与药品的生产、配送、防伪、追溯,避免公共医疗安全问题,实现医疗器械与药品从科研、生产、流动到使用过程的全方位实时监控。传统的 RFID 技术被广泛应用在资产管理和设备追踪的应用中,人们希望通过立法加强该技术在药品追踪与设备追踪方面的应用。根据世界卫生组织的报道,全球假药比例已经超过 10%,销售额超过 320 亿元。中国药学会有关数据显示,每年至少有 20 万人死于用错药与用药不当,有 11%～26% 的不合格用药人数,以及 10% 左右的用药失误病例。因此,RFID 技术在对药品与设备进行跟踪监测、整顿规范医药用品市场中起到重要作用。根据"全球保健和医药应用市场"的报告,2011 年的 RFID 在保健和医药应用市场中的收入将增长到 23.188 亿美元,年复合增长率将达到 29.9%。其中,药品追踪市场的年复合增长率将接近 32.8%,医疗设备追踪市场的年复合增长率会达到 28.9%。

具体来说,物联网技术在物资管理领域的应用方向有以下几个方面。

(1)医疗设备与药品防伪。标签依附在产品上的身份标识具有唯一性,难以复制,可以起到查询信息和防伪打假的作用,将是假冒伪劣产品一个非常重要的查处措施。例如,把药品信息传送到公共数据库中,患者或医院可以将标签的内容和数据库中的记录进行核对,方便地识别假冒药品。

(2)全程实时监控。药品从科研、生产、流通到使用整个过程中,RFID 标签都可进行全方位的监控。特别是出厂的时候,在产品自动包装时,安装在生产线的读取器可以自动识别每个药品的信息,传输到数据库,流通的过程中可以随时记录中间信息,实施全线监控。通过药品运送及储存环境条件监控,可达成运送及环境条件监控,确保药品品质。当出现问题时,也可以根据药品名称、品种、产地、批次及生产、加工、运输、存储、销售等信息,实施全程追溯。

(3) 医疗垃圾信息管理。通过实现不同医院、运输公司的合作,借助 RFID 技术建立一个可追踪的医疗垃圾追踪系统,实现对医疗垃圾运送到处理厂的全程跟踪,避免医疗垃圾的非法处理。目前,日本已经展开了这方面的研究,并取得了较好的成果。

2. 数字化医院

物联网在医疗信息管理等方面具有广阔的应用前景。目前医院对医疗信息管理的需求主要集中在身份识别、样品识别、病案识别几个方面。其中,身份识别主要包括病人的身份识别、医生的身份识别,样品识别包括药品识别、医疗器械识别、化验品识别等,病案识别包括病况识别、体征识别等。具体应用分为以下几个方面。

(1) 病患信息管理。病人的家族病史、既往病史、各种检查、治疗记录、药物过敏等电子健康档案,可以为医生制定治疗方案提供帮助;医生和护士可以做到对病患生命体征、治疗化疗等实时监测信息,杜绝用错药、打错针等现象,自动提醒护士进行发药、巡查等工作。

(2) 医疗急救管理。在伤员较多、无法取得家属联系、危重病患等特殊情况下,借助 RFID 技术可靠、高效的信息储存和检验方法,快速实现病人身份确认,确定其姓名、年龄、血型、紧急联系电话、既往病史、家族病史等有关详细资料,完成入院登记手续,为急救病患争取了治疗的宝贵时间。目前该技术在美国 Wellford Hall 治疗中心已经得到应用。

(3) 药品存储。将 RFID 技术应用在药品的存储、使用、检核流程中,简化人工与纸本记录处理,防止缺货及方便药品召回,避免类似的药品名称、剂量与剂型之间发生混淆,强化药品管理,确保药品供给及时、准确。

(4) 血液信息管理。将 RFID 技术应用到血液管理中,能够有效避免条形码容量小的弊端,可以实现非接触式识别,减少血液污染,实现多目标识别,提高数据采集效率。

(5) 药品制剂防误。通过在取药、配药过程中加入防误机制,在处方开立、调剂、护理给药、病人用药、药效追踪、药品库存管理、药品供货商进货、保存期限及保存环境条件等环节实现对药品制剂的信息化管理,确认病患使用制剂的种类、记录病人使用流向及保存批号等,避免用药疏失,病患用药安全。

(6) 医疗器械与药品追溯。通过准确记录物品和患者身份,包括产品使用环节的基本信息、不良事件所涉及的特定产品信息、可能发生同样质量问题产品的地区、问题产品所涉及的患者、尚未使用的问题产品位置等信息,追溯到不良产品及相关病患,控制所有未投入使用的医疗器械与药品,为事故处理提供有力支持。我国于 2007 年首先试验建立了植入性医疗器械与患者直接关联的追溯系统,系统使用 GSI 标准标识医疗器械,并在上海地区的医院广泛应用。

(7) 信息共享互联。通过医疗信息和记录的共享互联,整合并形成一个发达的综合医疗网络。一方面经过授权的医生可以翻查病人的病历、患史、治疗措施和保险明细,患者也可以自主选择或更换医生、医院;另一方面支持乡镇、社区医院在信息上与中心医院实现无缝对接,能够实时地获取专家建议、安排转诊和接受培训等。

(8) 新生儿防盗系统。将大型综合医院的妇产科或妇儿医院的母婴识别管理、婴儿防盗管理、通道权限相结合,防止外来人员随意进出,为婴儿采用一种切实可靠防止抱错的保护。

(9) 报警系统。通过对医院医疗器械与病人的实时监控与跟踪,帮助病人发出紧急求救信号,防止病人私自出走,防止贵重器件毁损或被盗,保护温度敏感药品和实验室样本。

3. 远程医疗监护

远程医疗监护主要是利用物联网技术,构建以患者为中心和基于危急重病患的远程会诊和持续监护服务体系。远程医疗监护技术的设计初衷是为了减少患者进医院和诊所的次数。根据美国疾病控制中心(CDC)2005 年的报告,大约 50% 的美国人至少患有一种慢性疾病,他们的治疗费用占全美 2 万亿美元医疗支出的 3/4 以上。除了高额的高科技治疗和手术费用外,医生的例行检查、实验室检测和其他监护服务支出大约有几十亿美元。随着远程医疗技术的进步,高精尖传感器已经能够实现在患者的体域网(Body-area)范围内实现有效通信,远程医疗监护的重点也逐步从改善生活方式转变为及时提供救命信息、交流医疗方案。目前有关技术主要包括:专为生物医学信号分析而设计的超低功率 DSP、低采样速率/高分辨率的 ADC、低功耗/超宽带射频、MEMS 能量收集器。

(1) 将农村、社区居民的有关健康信息通过无线和视频方式传送到后方,建立个人医疗档案,提高基层医疗服务质量;允许医生进行虚拟会诊,为基层医院提供大医院大专家的智力支持,将优质医疗资源向基层医疗机构延伸;构建临床案例的远程继续教育服务体系等,提升基层医院医务人员继续教育质量。

(2) 通过监测体温、心跳等一些生命体征,为每个客户建立一个包括该人体重、胆固醇含量、脂肪含量、蛋白质含量等信息的身体状况,实时分析人体健康状况,并将生理指标数据反馈到社区、护理人或相关医疗单位,及时为客户提供饮食调整、医疗保健方面的建议,也可以为医院、研究院提供科研数据。

3.1.2 物联网家居

物联网家居又称为智能家居。智能家居物联网是一个居住环境,是以住宅为平台安装有智能家居系统的居住环境,实施智能家居系统的过程就称为智能家居集成。

智能家居集成是利用综合布线技术、网络通信技术、安全防范技术、自动控制技术、音视频技术将家居生活有关的设备集成。由于智能家居采用的技术标准与协议不同,大多数智能家居系统都采用综合布线方式,但少数系统可能并不采用综合布线技术,如电力载波,不论哪一种情况,都一定有对应的网络通信技术来完成所需的信号传输任务,因此网络通信技术是智能家居集成中关键的技术之一。安全防范技术是智能家居系统中必不可少的技术,在小区及户内可视对讲、家庭监控、家庭防盗报警、与家庭有关的小区一卡通等领域都有广泛应用。自动控制技术是智能家居系统中必不可少的技术,广泛应用在智能家居控制中心、家居设备自动控制模块中,对于家庭能源的科学管理、家庭设备的日程管理都有十分重要的作用。音视频技术是实现家庭环境舒适性、艺术性的重要技术,体现在音视频集中分配、背景音乐、家庭影院等方面。

通俗地说,它是融合了自动化控制系统、计算机网络系统和网络通信技术于一体的网络化、智能化的家居控制系统。智能家居将让用户用更方便的手段来管理家庭设备。例如,通过触摸屏、无线遥控器、电话、互联网或者语音识别控制家用设备,更可以执行场景操作,使多个设备形成联动。另外,智能家居内的各种设备相互间可以通信,不需要用户指挥也能根据不同的状态互动运行,从而给用户带来最大程度的高效、便利、舒适与安全。

智能家居其实有两种表述的语意,定义中描述的以及通常所指的都是智能家居这一住宅环境,既包括单个住宅中的智能家居,也包括在房地产小区中实施的基于智能小区平台的智能家居项目,如深圳红树西岸智能家居。第二种语意是指智能家居系统产品,是由智能家居厂商生产、满足智能家居集成所需的主要功能的产品,这类产品应通过集成安装方式完成,因此完整的智能家居系统产品应是包括了硬件产品、软件产品、集成与安装服务、售后在内的一个完整服务过程。

来自皮尤研究中心最新的数据显示,在不久的将来(2025 年),物联网技术将无处不在,你很难再找到没有连接互联网的设备,哪怕是一个最普通的水壶。即便是今天,已经可以通过手机来操控电灯、空调甚至是汽车,物联网正在以多样化的形式侵入人们的生活。仍然觉得不够具体? 没关系,下面就以家居环境为例,告诉你物联网技术带来的几个应用实例,相信你在看过之后便会感叹:原来我们还可以这样生活。物联网在智能家居中的几个应用实例如下。

1. 插座

插座可以说是一切家用电器获得电力的基础接口,如果它具备了连接互联网的能力,自然其他电器也同样可以实现。目前市场中的智能插座品牌日益丰富,知名产品如贝尔金、Plum、D-Link 等,它们不仅可以实现手机遥控开关电灯、电扇、空调等家电,还能够监测设备用电量,生成图表帮助你更好地节约能源及开支。

2. 音响系统

相信很多朋友都听过 Sonos 的大名,这个无线音响品牌的产品均采用 WiFi 无线连接,能够接入家庭无线局域网中,让用户通过移动设备来控制音乐播放。与蓝牙相比,WiFi 传输信号更广泛且稳定,同时还能够实现每个音箱播放独立的音乐、与智能灯泡等设备联动等功能,显然要比蓝牙音箱更适合家居环境使用。另外,包括三星、索尼等厂商也纷纷进入无线音响领域,让用户拥有更多选择。

3. 运动监测

科技为我们带来了全新的运动、健身方式,你可能已经使用运动手环或是智能手表来监测每天的运动量。不仅如此,在家中放置一台新型的智能体重秤,可以获得更全面的运动监测效果。类似 Withings 的产品,内置了先进的传感器,可以监测血压、脂肪量甚至是空气质量,通过应用程序为用户提供健康建议,另外还可以与其他品牌的运动手环互联,实现更精准、更加无缝化的个人健康监测。

4. 空调及温控

没有什么比在炎热的夏季进入凉爽的室内再惬意的事情了，但如果家中无人，如何实现自动温控？答案就是智能空调或是恒温器。例如 Quirky 与通用电气合作推出的 Aros 智能空调，不仅可以通过手机实现远程温控操作，甚至还能学习用户使用习惯，并能够通过 GPS 定位用户位置实现完全自动的温控操作。

如果不想更换空调，其实还有更简单的解决方案，如 Tado。这款温控器非常适合国内用户，因为它能够兼容包括海尔在内的主流品牌空调，只要将它连接到空调上，就可以方便地组建智能温控系统，通过手机控制每个房间的温度、定制个性化模式，同样也支持基于位置的全自动温控调节功能。

5. 灯光

智能灯泡也是一种非常直观、入门的物联网家居体验，任何用户都可以轻松尝试。目前，智能灯泡品牌逐渐增多，其中包括飞利浦、LG 这些大家耳熟能详的大品牌，可以通过手机应用实现开关灯、调节颜色和亮度等操作，甚至还可以实现灯光随音乐闪动的效果，把房间变成炫酷的舞池。

6. 养花种草

很多朋友都喜欢在家中养养花花草草，但经常会疏于照料，导致花草凋零，其实通过物联网技术也能够改善这种情况。例如"小树杈"造型的 Flower Power，只要将它插在土壤中，就可以检测植物的湿度、光照、施肥量甚至是空气状况，如果植物需要什么，就能够通过手机通知提醒用户，保证植物苗壮成长。

如果你拥有一个大院子，那么还可以考虑 Droplet 智能洒水器，它能够分析土壤含水量、温度等多种数据，计算出最佳的浇水量，智能地灌溉花园中的每一株花草。

7. 家庭安全

物联网的另一大优势就是将原本"高大上"的企业级应用带入到家庭中，如安全监控系统。现在，只要你选择几只 Dropcam、三星等品牌的家庭监控摄像头，就可以组成完整的家庭监控系统，不论你的房子有多大。这些摄像头通常具有广角镜头，可拍摄 720 像素或 1080 像素视频，并内置了移动传感器、夜视仪等先进器件，用户可以在任何地方通过手机应用查看室内的实时状态。

除了监控摄像头、窗户传感器、智能门铃（内置摄像头）、烟雾监测器，都是可以选择的家庭安全设备，与监控摄像头配合，可以把你的家武装到牙齿，任何坏人都无法轻易构成威胁。

8. 个人护理

不仅仅是运动、健身监测，物联网技术也已经辐射到个人健康护理领域。包括欧乐 B、Beam Toothbrush 都推出了智能牙刷，牙刷本身通过蓝牙 4.0 与智能手机连接，可以实现刷牙时间、位置提醒，也可根据用户刷牙的数据生成分析图表，估算出口腔健康情况。

另外，类似 GoBe 血糖分析仪等家用自检设备，也在近期获得了实质性的进展，未来有望形成庞大的市场,届时老人、病患就可以足不出户,通过这些设备实现基础的自我护理及保健应用。

3.1.3　物联网金融

物联网金融是金融信息化演进到一定阶段的必然产物,其形成和发展有以下"三大支柱"。

(1) 跨界融合。物联网金融是物联网和金融相互影响、渗透并不断融合的产物,两者间的界限趋于模糊,日益形成"你中有我,我中有你"的关联互动。一方面,物联网不断应用于金融服务的各个领域,如智能安防、VIP 服务、移动支付、业务流程管理、远程结算等,促进现代金融的信息化和数字化发展;另一方面,金融服务嵌入信息交换和网络化管理,催生供应链金融等全新的商业模式,极大提高了商品生产、交换和分配效率,为物联网的发展壮大提供了有力支持。

(2) 大数据支撑。根据 IDC 的调查分析,未来物联网将由数十亿个信息传感设备组成,由此产生的数据量每隔两年便增长一倍,到 2020 年将激增至 44ZB。物联网产生的大数据与一般的大数据有不同的特点,通常带有时间、位置、环境和行为等信息,具有明显的多样性、非结构性和颗粒性。对金融机构而言,物联网提供的不是人与人的交往信息,而是物与物、物与人的社会合作信息,通过对海量数据信息的存储、挖掘和深入分析,能够透视客户的自然和行为属性,为金融机构大到服务战略、小到业务决策提供全面客观的依据。

(3) 互联网基础。物联网本质上是把所有物品通过射频识别等信息传感设备与互联网连接起来,实现智能化识别和管理。因此,物联网的基础仍然是互联网,是在其基础上延伸和扩展的网络。同样地,物联网金融本质上是对物联网上的物品信息进行综合分析、处理、判断,在此基础上开展相应的金融服务,而物品信息生成后的标识、传输、处理、存储、交换共享的整个流程都是在互联网上进行的,没有互联网,物联网金融寸步难行。因此,可以认为物联网金融是金融信息化的不断延伸,是互联网金融的深化发展。

物联网的产生和发展,在需求、技术和制度等多个方面为金融改革创新准备了条件,推动现有金融体系走上一条高效率、良性循环的制度变迁路径,即将在金融领域产生新的革命。主要体现在以下 10 个方面。

(1) 有效解决交易信息不对称问题。在阿尔克洛夫和斯蒂格里茨等人创立的信息经济学中,以旧车市场和保险市场为例,指出了信息不对称会导致道德风险和"逆向选择",极端情况下市场会逐步萎缩和不存在。例如,保险公司事先不能准确知道投保人的风险程度,只能按平均概率厘定保单费率,最终结果是"劣币驱逐良币",即高风险类型投保人把低风险类型投保人"驱逐"出市场。而在物联网金融模式下,物质世界本身正在成为一种信息系统,可以随时随地掌握物品的形态、位置、空间、价值转换等信息,并且信息资源可以充分、有效地交换和共享,彻底解决了"信息孤岛"和信息不对称现象。例如,针对汽车险的恶意骗保问题,可以在投保车辆上安装物联网终端,对驾驶行为综合评判,根据驾驶习惯的好坏确定保费水平;出现事故时,物联网终端可以实时告知保险公司肇事车辆的行为,保险员不到现场即可知道车辆是交通事故还是故意所为。总之,物联网信息系统的产生和运用,带领金融进入新古典经济学的"完备信息"状态,对金融市场规模扩大和效率提高产生革命性影响。

（2）大幅降低交易费用。"科斯第一定理"提出，如果交易费用为零，不管产权初始安排如何，当事人之间的谈判都会导致那些财富最大化的安排。一直以来，交易费用为零的假设条件被认为是一种"理想状态"，寻找交易对手、进行讨价还价、订立契约并监督执行都要花费成本。这使很多压在"科斯地板"之下的潜在需求无法转变为现实交易。而泛在的物联网把更多的人、物、网互联互通，相当于提供了一个分布式、点对点的平台，统一的数据传输、沟通和存储加上云计算技术，能够推动银行和客户的资源有效整合和共享，促进服务的标准化和透明化，使多方高度有效的协同合作成为现实，从而大幅度降低交易费用。更重要的是，未来物联网时代将形成全球性协同共享系统，构建横向规模经济，淘汰垂直整合价值链中多余的中间人。这样每个人都可能变成金融产消者，可以更直接地在物联网上提供并相互分享产品和服务。这种方式的边际成本接近于零、近乎免费。这就像目前成百上千的爱好者和创业公司都已开始使用免费软件，利用廉价的再生塑料、纸张以及其他当地现成的材料，以接近于零的边际成本来打印出自己的 3D 打印产品。这就是美国趋势学家里夫金所预言的"零成本社会"。

（3）优化社会资源配置。莫顿和博迪认为，金融系统的基本功能就是在不确定环境下进行资源的时间和空间配置。具体而言，就是通过合理引导资金流向和流量，促进资本集中并向高效率生产部门转移。但是信息不对称、交易费用等因素的存在，往往会造成金融对资源配置的扭曲。物联网的兴起将改变上述状况，使金融部门能够以更加精细、动态的方式对信息流、物流和资金流进行"可视化管理"，在此基础上进行智能化决策和控制，从而达到优化资源配置的目的。例如，在宏观金融领域，美国等一些国家借助物联网开展现代货币物流管理，通过对货币物流系统进行实时监控和管理反馈，科学确定货币供应量及货币政策，进而合理调节社会总供求的平衡。在微观金融领域，银行借助物联网实时掌控企业的生产销售过程甚至是用户使用情况，不仅可以为信贷决策提供参考，而且可以做到按需贷款、按进度放款，确保贷款真正投放到那些有需求、有市场、有效益的企业。

（4）促进风险有效管控。金融业本质上是经营风险的行业，风险始终是悬在金融发展和创新之上的"达摩克利斯之剑"。物联网让金融体系从时间、空间两个维度上全面感知实体世界行为，对实体世界进行追踪历史、把控现在、预测未来，让金融服务融合在实体运行的每一个环节中，有利于全面降低金融风险。基于风险计量的巴塞尔协议Ⅲ有可能被迫全面修订。

① 有效管控信用风险。例如，抵质押物特别是动产抵质押物的监管一直是银行经营管理难题，曾经发生的青岛港骗贷事件使银行损失惨重。物联网可实现对动产无遗漏环节的监管，让动产具备了不动产的属性，如钢铁贸易中物联网可全过程、全环节地堵住钢贸仓单重复质押、虚假质押等一系列动产监管中的问题，极大地降低动产质押的风险。再如，物联网可以解决汽车合格证重复质押贷款的管理难题。

② 有效管控欺诈风险。例如，基于手机的移动支付中，有线与无线配合使用的双重验证提升了支付安全性，降低了黑客、不良商户、钓鱼网站等非法交易发生的频率。在不远的将来，还将通过指纹、虹膜、掌纹、掌静脉、声波等独一无二的生物特征来验证用户身份，避免发生盗领、冒用等危害客户安全的事件。

③ 有效管控案件和操作风险。例如，通过发挥物联网的物物相连、智能管理优势，进行工作人员和来访人员管理，监控现金柜、库房、机房等重要资产设备，监控 ATM 等服务设

施,大大提高了金融安防的可靠性。

（5）有力推动金融创新。就金融创新的动因而言,有技术推进论、货币促成论、财富增长论、约束诱导论、制度改革论、规避管制论和交易成本论等各种理论。以物联网为动力源的技术进步、制度变革和市场需求的协同作用引发了大量金融创新。其中,物联网带来的技术进步将提供金融服务的新的生产可能性边界,是金融创新的基础;物联网带来的制度变革将提高经济活动的激励水平及降低交易成本,是金融创新的保障;物联网带来的需求变化将推动基础设施完善和市场规模扩大,是金融创新的方向和驱动力。总之,物联网不仅带来的是金融产品和工具的创新,更带来金融理念和模式的革命,使以往不可能的创新服务变为可能。有人甚至预言,物联网及泛在移动技术的发展,将使金融创新形态发生改变,即"创新 2.0"时代。它是面向知识社会的下一代创新,是一种以客户为中心、以客户体验为核心、以社会实践为舞台的创新形态。例如,在未来的医疗保险中,通过苹果手表、谷歌眼镜等可穿戴设备,定期将被保险人的血压、体温、脉搏、呼吸、脂肪占比等个人健康信息传输到服务器,进行智能管理和监测,提供健康预警及医疗咨询等高附加值服务。这不仅可以减少保险公司的潜在赔偿损失,更能赢得客户信任并增强客户黏性。

（6）重构社会信用体系。现代市场经济本质上是信用经济,无论是促进市场经济正常运行、扩大居民消费还是防范金融风险,都必须建立完善的社会信用体系。现阶段,我国社会信用体系发展比较滞后,企业每年因信用缺失导致直接和间接经济损失高达 6000 亿元,银行每年因逃废债行为造成直接损失超过 1800 亿元。2017 年 6 月,国务院印发了《社会信用体系建设规划纲要》,7 月国务院常务会议也强调要用"大数据"思维理念构建国家社会信用信息平台。物联网每天都在源源不断地产生海量的大数据,据 IDC 的预测,到 2020 年由M2M（机器对机器）产生的数据将占到大数据总量的 42%,必将成为推动我国社会信用体系建设的有力工具。第一,物联网产生的物品信息,能够全面反映企业（个人）的自然属性和行为属性,在丰富信用维度的基础上提高信用体系的可靠性。第二,物联网具有的互联互通特征,有利于促进各部门信息的整合与共享,打破社会信用体系建设中的"信息孤岛"痼疾。第三,物联网上的信用信息采用云计算技术,避免了主观判断的影响,确保评价结果的真实性。同时,还能满足评价结果与信用信息的同步更新,保证了信用的实时性。基于物联网和"大数据"重构的社会信用体系,能够帮助金融机构精准判断、提前发现、及时预警风险,必将推动金融风险防控体系产生质的飞跃。

（7）助推普惠金融发展。诺贝尔奖得主尤努斯认为,普惠金融的核心理念是"每个人都公平享有金融权利"。党的十八届三中全会首次明确提出"发展普惠金融",并将其作为金融改革创新的核心举措之一。现阶段,我国众多的小微企业饱受融资难、融资贵问题的困扰,贷款覆盖面和可获得性严重不足,是普惠金融发展的重点领域。通过物联网技术的应用,小微企业融资的"麦克米伦缺口"有望被彻底打破。例如,在物联网基础上发展起来的现代供应链金融,能够将核心企业和上下游的小微企业紧密连接提供金融产品和服务。一方面,通过物联网技术可以对各相关企业的信息流、资金流和物流进行可视化追踪,使上下游关联企业均能获取有效信息,包括产品销售、资金结算、应收账款清收等信息,从而保证整个供应链的融资安全,并进一步拓展客户范围和业务领域。另一方面,金融机构还可以利用获取到的信息资源,为供应链上的小微企业提供财务管理、资金托管、贷款承诺、信息咨询等综合金融业务,帮助小微企业发展壮大。可以预见,物联网将彻底颠覆传统金融服务的"二八定律",

汇聚小微企业、"三农"、个人客户等"长尾市场",推动我国普惠金融长足发展。

（8）加速智慧金融和智慧社会形成。正如上一轮的经济发展引擎互联网一样,未来物联网的发展也将对经济社会和金融领域产生重大影响。美国已经针对物联网提出将在六大领域建立"智慧行动"方案,其中一项就是建立"智慧金融"。智慧金融是在信息社会,伴随物联网、云计算、社会化网络等技术在金融领域的深入应用,带来的金融体系和商业模式的变革。智慧金融具有透明性、便捷性、灵活性、及时性、高效性和安全性等特点,推动资金更顺畅地流通、更合理地配置、更安全地使用。例如,近年兴起的二维码支付,是电信智能卡与银行电子钱包功能整合后的移动支付服务,而这只是物联网在移动电子商务领域迈出的一小步。未来的物联网还可通过透彻感知,将支付行为与企业运营状态、个人健康、家庭情况的动态变化相关联,动态调整支付额度,智能化控制银行的风险。不止在金融领域,目前物联网还在农业、交通、建筑、能源、医疗、环境保护等领域得到越来越多的应用,加速"智慧社会"的形成,也为金融创新提供了更为广阔的空间和舞台。

（9）变革金融经营管理模式。传统金融业机构大多实行"科层制"管理,往往存在信息耗散、决策链条过长、效率低下等弊端。而物联网将改造金融组织架构、管理模式和服务方式,提高金融运行和服务效率。一是推动金融组织由垂直化向扁平化转变。随着物联网技术在金融部门的普及和推广,使用物联网金融服务的客户会递增,梅特卡夫法则将更加凸显。金融部门的组织架构将依靠信息管理系统进行链接,更加扁平化、更加贴近用户,以提高应变能力和响应速度。二是推动业务流程由分散化向集约化转变。物联网的实现过程将是社会整体应用环境重塑的过程,得益于物联网技术所实现的信息"可靠传输",将使金融部门从根本上重新思考和设计现有的业务流程,按照最有利于客户价值创造的运营流程进行重组。如传统信贷业务一般要经历贷前审查、信用评级、申报额度、合规性审核、层级审批等众多冗长流程,而物联网所构建的强大信息传递网将实现贷款"一条龙"或"一揽子"的集约式处理,从而极大提高业务办理效率。三是推动服务方式由标准化向个性化转变。通过物联网运用,金融机构能够顺畅地与客户交流,了解客户需求,提供有针对性的金融产品,将客户体验推向极致。例如,金融机构可以结合生物识别和 RFID 技术创造 VIP 客户的无干扰服务方案,只要客户进入营业网点,手中的借记卡或信用卡向外发射 RFID 射电脉冲或摄像头捕捉客户面相,与重点客户关系管理系统连接,向业务经理发送客户详细信息,包括客户需要什么、预约了什么业务或在网站上关注过什么,业务经理就可以有针对性地为客户提供量身定制的服务。

（10）拓展金融可能性边界。传统的"生产可能性曲线"是外凸的,表明在既定资源和技术条件的约束下,生产组合不可能无限扩张。这同样适应于传统金融业。而物联网的精髓是开放、协作及去中间化,交易成本和信息不对称程度大幅下降,金融产品服务提供的边际成本趋近于零,理论上金融交易可能性的边界就可以无限拓展。可以看到,金融服务已经向越来越多的领域扩展和渗透。例如,日益兴起的公共服务物联网金融,在远程抄表系统的智能卡上集成金融服务,可在燃气、水表、电表等公共服务上应用,借助金融卡的集成作用作为通行证,打通各个公共服务物联网。同时,未来的金融服务可能不仅仅是由专业的金融机构生产提供,而是扩展到企业或个人。例如,IBM 创造的"智慧金融"方案,充分利用智能终端、生物识别和 DLP 等诸多技术,为客户提供财务共享服务中心、移动理财、全球支付平台等服务。这对传统金融产品服务的生产和提供机制是一个革命性的颠覆。

3.1.4　物联网电商

物联网利用智能装置和感知技术，对物理世界进行感知识别，通过 RFID 无线射频技术、网络传输互联，进行处理和计算，从而实现人物、物物信息共享和无缝连接，达到对事物实时监控、精确管理和科学决策的目的。未来电子商务将朝着多元化、便捷化方向发展，其行业之间的竞争也会愈加激烈。一个电子商务体系中包含了库存、物流及电子支付等重要环节，如果实现物联网技术在电子商务各环节中的应用，将大大提高电子商务体系的运行效率，降低运营成本，提升客户体验，使电子商务进入一个新的发展阶段。物联网与电子商务的结合形成物联网电子商务体系。

电子商务市场是在过去零售行业的基础上发展而来的，所以传统的电子商务存在着基础设施建设落后、商业模式缺乏创新等问题。另外，产品质量难以保证、支付安全性欠佳、物流配送不到位等问题严重制约了电子商务的发展。

1）支付问题

支付的便捷性和安全性问题是电子商务高速发展的重要保证。尽管网上支付在用户规模和交易额方面取得突破性增长，但是，网上支付服务仍然需要完善和提高。存在的主要问题包括：用户操作繁琐；支付安全存在隐患，没有形成可靠的安全体系；网络支付没有特定的标准金融体系，对网络支付支撑不足，缺乏积极性；网络支付的相应法律、法规发展滞后。另外，当前的支付方式对那些有网购需求的偏远地区用户的使用存在较大困难，进一步阻碍了电子商务市场的推广。

2）物流配送体系问题

电子商务的发展还和企业的配送体系密切相关。一个完整的电子商务是由库存、物流、资金、支付等组成的商贸活动。物流是电子商务运作过程的重要组成部分，它在电子商务中起着重要的作用，高效率的物流配送是不可缺少的。随着电子商务的快速发展，对物流配送的要求也越来越高。

3）网络基础设施能力薄弱问题

电子商务是基于信息网络通信的商务活动，其特点是实时、快速，电子商务的发展从一定程度上可以说取决于信息基础设施的规模。而我国网络基础设施建设还比较缓慢和滞后，已建成的网络质量离电子商务的要求还相距较远。因此，加大基础设施建设的力度，提高投资效益，切实改变网络通信方面的落后面貌，成为促进电子商务应用发展的首要问题。

目前我国发展物联网所需的自动控制、信息传感、RFID 等技术和产业都已经基本成熟，电信运营商和系统设备商也达到较高的水平，物联网将会向各个领域渗透和扩展，它将会对电子商务有很大的推动作用。物联网技术在电子商务中的应用包含以下几个方面。

1. 库存

这里的库存包括分公司、仓库、配送中心 3 个方面。以京东公司为例，作为一个大型电子商务企业，按照区域成立了多个分公司，分公司管理一个地区设置好的仓库、配送中心。

对于这样的多地库存方式,需要一个支持其运转的智能库存网络体系。这个体系由三部分网络构成。

（1）分公司网络。分公司通过接入路由器与总公司连接,将其管理网络、仓库网络、配送中心网络和下属的销售网络连接,通过 RFID 无线射频技术和 ZigBee 短距离无线通信技术,构成一张巨大的"网",通过这张"网"汇聚销售平台上的实时销售数据,向总公司汇报;总公司经过信息反馈,与连接的仓库与配送中心网络协调,实时采集当前商品的数据,控制仓库与商品配送。

（2）仓库网络。精确的库存就是根据市场需求按订单生产,满足市场和消费者需求,精确掌握产品的分销渠道、价格、库存数量、生产日期等一些基本信息,利用 IT 技术准确掌握产品的流向等信息,通过互联网及时做出调整,提高企业的生产效率,提高市场竞争力。主要由条码技术和 RFID 系统组成。建立立体仓库的管理系统,采用固定式条码阅读器自动识别入库或出库运输系统上通过的托盘标号,上传计算机系统,经确认后由系统指挥将托盘上的货物送入或送出相应的库位。同时将 RFID 系统用于智能仓库货物管理,有效解决仓库里与货物流动有关的信息管理。射频标签贴在货物所要通过的必经路口或库门、读写器和天线放在仓库搬运车上,每个货物贴上条码并储存在仓库的中心计算机里。当货物被装走运往别处时,由另一读写器识别并告知计算机中心货物被放在哪辆货车上。这样管理中心可以实时地了解到库存多少和销售了多少,确定货物商品的位置。

（3）配送中心网络。在配送环节采用 EPC 技术和连续补货系统,如果到达配送中心的所有商品都贴有 EPC 标签,在进入配送中心时,装在门上的读写器就会读取托盘上所有货箱上的标签内容并存入数据库。系统将这些信息与发货记录进行核对,以检测出可能的错误,然后将 EPC 标签更新为最新的商品存放地点和状态。这样就确保了精确的库存控制甚至可确切了解目前有多少货处于转运途中、转运的始发地和目的地,以及预期的到达时间等信息。利用连续补货系统,工作人员不必用很长时间就可以自动对货物多少进行识别,并且系统自动更新其记录,当库存中的商品缺少时,智能补货系统给生产基地发送订单,生产基地供应商向配送中心补货。

2. 物流

作为电子商务的物流环节,最重要的特点就是及时性、便捷性和安全性。电子商务物流环节就是根据企业计算机系统的指令,完成商品配送、补给、运输的全过程。物联网智能物流系统对运行在辖区内的运输车辆位置、运送商品类型、数量进行管理和控制。物流中心通过网关连接移动通信网,移动通信网通过 M2M 与运输车辆通信。再通过 GPS 系统显示在配送物流中心的显示屏上,管理人员通过 GIS 地图方便地掌握货物配送运输车辆当前的位置。物联网智能物流系统的主要作用表现在以下方面。

（1）运输智能化升级。计算机技术、条码技术、RFID 技术等都嵌入到物流环节中,有助于物流环节提高效率、降低成本。

（2）运输智能化升级。运输系统借助 GPS、GIS、网络等技术实现部分流程的可视化跟踪管理,准确预知货物运达时间,缩短配送时间,提高效率,让客户体验到像订外卖一样的购物服务。

（3）商品安全升级。基于 RFID 等技术建立的产品智能可追溯网络系统,如食品的可追溯系统。这些智能的产品可追溯系统为食品货物安全、药品货物安全、特殊品货物安全提供了坚实的物流保障。

今后物流行业将朝着绿色物流、高效物流、电子信息化物流和第四方物流方向发展,这里重点探讨第四方物流。

现今很多企业和电商为了满足市场需求,将物流业务外包给第三方物流服务商,以降低库存成本,提高配送效率。不过,第三方物流也存在缺陷,单个第三方物流缺乏较综合的技能和整合应用的局限性,使得企业必须将业务外包给多个单独的第三方物流商,这样做增加了供应的不确定性和管理难度。若将物联网技术、电子商务和传统商业模式结合起来,形成一个将供应链的外包行为链接起来的统一整体,将大大提高企业的效率和效益。这样就产生了第四方物流。

第四方物流是由美国埃森哲咨询公司率先提出的,专门为其他方提供物流规划、咨询、物流信息系统、供应链管理等。当然第四方并不实际承担具体的物流运作活动。物联网技术在第四方物流中的应用,主要是面向服务的架构(SOA)系统,设计基于 SOA 的整体架构,采用异构系统间的自动交互技术,使原异构系统之间能够实现交互。第四方物流解决供应链的方案有以下 3 个层次:承担多个供应链职能和流程的运作,进行流程一体化、系统集成和运作交接;通过物联网新技术实现各个供应链职能的加强;供应链过程协作和供应链过程的再设计。未来,第四方物流可以满足整个物流系统的需求,很大程度上整合了最新技术和社会资源,减少了货物配送时间,提高了物流效率。

3. 支付

在支付环节中,基于物联网的电子商务支付有很多优点和发展空间。物联网技术的应用提高了支付的安全性和便捷性,降低了黑客和钓鱼类网站非法交易发生的频率。这里主要探讨移动支付的实现。

1) 物联网掌上电脑支付

首先,掌上感知电脑是电子商务企业的一款个人移动智能终端,以轻便的平板电脑作为载体,内嵌 RFID 读卡支付模块,将网上销售和智能卡支付完美融合,实现简单、安全的支付应用模式。掌上电脑物联网支付解决方案首次将 RFID 读卡模块与平板电脑相结合,实现了用户不需要繁琐的网银支付,只需拥有一部轻便的掌上电脑,刷卡就能完成整个流程。

和支付宝、财付通等不同,物联网智能卡支付是将最新的物联网 RFID 非接触射频技术创新应用,将互联网购物和物联网支付结合在一起,以轻便的平板电脑作为载体,内嵌 RFID 读卡支付模块;通过技术手段实现了简单安全的智能卡支付应用模式。掌上电脑物联网支付解决方案所有资金划拨,均通过银行专用通道,避免了由于互联网的开放性所带来的安全风险;使用 3DES 算法,加密卡上用户的所有数据和从移动设备到清算中心的数据传输,最大限度保证了资金的安全。

物联网掌上电脑这种支付技术被绑定在轻便的掌上感知电脑终端上,内嵌 RFID 读卡支付模块,对应掌上电脑背面一个类似迷你公交卡大小的感应区,消费者使用此终端产品购物,与传统的网上支付相比无须再进行繁复的支付操作,只需要在支付时将物联网智能一卡通在感应区附近轻轻拍下,就可以完成整个支付过程了。

2) 智能 SD 卡支付

现今手机已经成为人们生活中不可或缺的工具。手机载体的移动支付工具让人们看到了移动支付新的希望。通过手机实现的移动支付方式，成为最接近人们日常使用习惯和消费习惯的移动支付方式，手机支付也呈现多用途化、多形式化的发展前景，如 SIMPASS 技术支付、RF-SIM 支付、NFC 支付等。手机中的智能 SD 卡支付也是其中一种。

智能 SD 卡移动支付在尽量避免改动手机主板和 SIM 卡的前提下，将 RFID 模块放置在智能存储卡中。这样做的优点在于不需要改动手机，支付功能可以随 SD 智能存储卡迁移至 PC 端平台或者其他移动终端平台上，大大提高支付的便捷性。智能 SD 卡移动支付是在 SD 智能存储卡上集成 RFID 功能，同时在存储卡上预留天线引脚，通过手机终端和移动网络连接 POS 机，智能 SD 卡在 POS 机上完成支付。

智能 SD 卡支付有以下特点。

① 运算安全性。SD 智能存储卡内置智能安全芯片，数据加密、数字签名、签名验证等密码运算都在安全芯片上进行，各种密钥在使用中均不出卡。SD 卡上的核心组件同时支持安全连接协议功能。

② 认证安全性。移动客户端实现的安全连接协议具有双向认证功能，保证客户端和服务器端都无法伪造。敏感信息在传递过程中都通过安全通道来传输，可以有效防止黑客攻击，也能够阻止钓鱼网站的侵扰。

③ 使用便利性。智能 SD 卡支付符合用户的使用习惯，使用智能 SD 卡实现支付，用户无须更换手机和 SIM 卡，即可使用移动支付功能。和其他移动支付相比，无论在安全性、方便性、用户体验上都具有明显优势。

物联网技术在电子商务中的应用前景是十分广阔的，应用方法和类型多种多样。物联网技术在电子商务各环节中的应用，不仅能给电子商务带来新的经济增长点，而且能彻底解决电子商务中的一系列问题，明显提升电子商务的核心竞争力。但是必须清晰地认识到，物联网技术的应用还处于比较初级的阶段，一些相关技术还不成熟。这要求我们既要着眼长远，完善物联网相关技术和标准；又要立足当前，脚踏实地地推动物联网在电子商务各环节中的应用。只有这样才能利用好物联网这个新技术，为电子商务的发展提供巨大的推动力。

3.1.5　物联网其他应用

物联网应用涉及国民经济和人类社会生活的方方面面，因此，物联网被称为是继计算机和互联网之后的第三次信息技术革命。信息时代，物联网无处不在。由于物联网具有实时性和交互性的特点，因此，物联网的应用领域还包括以下几个方面。

1. 城市管理

（1）智能交通（公路、桥梁、公交、停车场等）物联网技术可以自动检测并报告公路、桥梁的"健康状况"，还可以避免过载的车辆经过桥梁，也能够根据光线强度对路灯进行自动开关控制。

在交通控制方面，可以通过检测设备，在道路拥堵或特殊情况时，系统自动调配红绿灯，并可以向车主报告拥堵路段、推荐行驶最佳路线。

在公交方面,物联网技术构建的智能公交系统通过综合运用网络通信、GIS地理信息、GPS定位及电子控制等手段,集智能运营调度、电子站牌发布、IC卡收费、ERP(快速公交系统)管理等于一体。通过该系统可以详细掌握每辆公交车每天的运行状况。另外,在公交候车站台上通过定位系统可以准确显示下一趟公交车需要等候的时间;还可以通过公交查询系统,查询最佳的公交换乘方案。

停车难的问题在现代城市中已经引发社会各界的热烈关注。通过应用物联网技术可以帮助人们更快地找到车位。智能化的停车场通过采用超声波传感器、摄像感应、地感性传感器、太阳能供电等技术,第一时间感应到车辆停入,然后立即反馈到公共停车智能管理平台,显示当前的停车位数量。同时将周边地段的停车场信息整合在一起,作为市民的停车向导,这样能够大大缩短找车位的时间。

(2) 智能建筑(绿色照明、安全检测等)。

通过感应技术,建筑物内照明灯能自动调节光亮度,实现节能环保,建筑物的运作状况也能通过物联网及时发送给管理者。同时,建筑物与GPS系统实时相连接,在电子地图上准确、及时地反映出建筑物空间地理位置、安全状况、人流量等信息。

(3) 文物保护和数字博物馆。

数字博物馆采用物联网技术,通过对文物保存环境的温度、湿度、光照、降尘和有害气体等进行长期监测和控制,建立长期的藏品环境参数数据库,研究文物藏品与环境影响因素之间的关系,创造最佳的文物保存环境,实现对文物蜕变损坏的有效控制。

(4) 古迹、古树实时监测。

通过物联网采集古迹、古树的年龄、气候、损毁等状态信息,及时做出数据分析和保护措施。

在古迹保护上实时监测能有选择地将有代表性的景点图像传递到互联网上,让景区对全世界做现场直播,达到扩大知名度和广泛吸引游客的目的。另外,还可以实时建立景区内部的电子导游系统。

(5) 数字图书馆和数字档案馆。

使用RFID设备的图书馆/档案馆,从文献的采访、分编、加工到流通、典藏和读者证卡,RFID标签和阅读器已经完全取代了原有的条码、磁条等传统设备。将RFID技术与图书馆数字化系统相结合,实现架位标识、文献定位导航、智能分拣等。

应用物联网技术的自助图书馆,借书和还书都是自助的。借书时只要把身份证或借书卡插进读卡器里,再把要借的书在扫描器上放一下就可以了。还书过程更简单,只要把书投进还书口,传送设备就自动把书送到书库。同样通过扫描装置,工作人员也能迅速知道书的类别和应该放置的位置以进行分拣。

2. 移动通信

物联网与卫星定位技术、GSM/GPRS/CDMA移动通信技术、GIS地理信息系统相结合,能够在互联网和移动通信网络覆盖范围内使用GPS技术,使用和维护成本大大降低,并能实现端到端的多向互动。

3. 食品安全控制

食品安全是国计民生的重中之重。通过标签识别和物联网技术，可以随时随地对食品生产过程进行实时监控，对食品质量进行联动跟踪，对食品安全事故进行有效预防，极大地提高食品安全的管理水平。

4. 防入侵系统

通过成千上万个覆盖地面、栅栏和低空探测的传感节点，防止入侵者的翻越、偷渡、恐怖袭击等攻击性入侵。上海机场和上海世界博览会已成功采用了该技术。

据预测，到 2035 年前后。中国的物联网终端将达到数千亿个。随着物联网的应用普及，形成我国的物联网标准规范和核心技术，成为业界发展的重要举措。掌握好信息安全技术，是物联网发展面临的迫切问题。

3.2 中国物联网产业重点发展区域

近年来，随着创新驱动日益明显、应用需求不断拓宽、产业环境持续优化，中国物联网产业实现了前所未有的飞速发展。这对新一代信息技术产业发展具有多方面推动作用，将对经济社会发展产生深远影响。

2012 年 2 月，工业和信息化部发布《物联网"十二五"发展规划》，明确了"十二五"时期中国物联网产业发展的主要任务、重点工程和保障措施，对于发展和利用物联网技术、促进经济发展和社会进步具有重要的现实意义。2012 年 7 月，国务院发布《"十二五"国家战略性新兴产业发展规划》，进一步明确中国物联网产业发展重点和方向，将物联网作为抢占世界新一轮经济和科技发展重要部署的战略制高点之一。

当前，物联网产业正处于快速增长期。尤其在政府规范引导、企业积极参与及市场应用需求快速爆发的形势下，中国物联网产业链已初步形成，构成了以支持层、感知层、传输层、平台层为核心，应用层为驱动的产业发展格局。各层级的企业群体日益壮大，产业链日趋完善、产业集群逐渐凸显、行业应用全面开花。同时，物联网产业与信息产业区域分布特征基本吻合，已形成环渤海、长三角、珠三角以及中西部地区等四大区域集聚发展的产业空间格局。

（1）产业发展呈现"马太效应"。长三角、环渤海、珠三角等地区作为目前中国物联网产业的聚集地，企业分布密集，研发机构众多，产业氛围良好。同时，这些地区依托经济环境优良、地方财力雄厚、配套产业和设施完善，建设了一大批物联网示范项目，为物联网的应用提供了成功案例和发展方向，并带动了相关技术和产品的大范围社会应用。这些地区物联网社会应用的大规模展开，不仅为相关企业带来了现实收益，更为物联网的推广与普及提供了良好的氛围。得益于产业与应用相互促进形成的良性循环，未来优势地区物联网产业的发展将进一步提速，中国物联网领域的资源要素也将进一步向这些地区汇聚集中。优势地区在未来中国物联网产业发展中的地位将有增无减。

（2）产业布局呈现"多点开花"。《物联网"十二五"发展规划》中明确指出，要在"十二五"期间初步完成物联网产业体系构建,形成较为完善的物联网产业链,充分考虑技术、人才、产业、区位、经济发展、国际合作等基础因素,在东、中、西部地区,以重点城市或城市群为依托,高起点培育一批物联网综合产业集聚区。同时物联网产业的广泛内涵以及与行业特色应用紧密结合的特点,使得其能够在具备先发优势的地区之外,得到更加广泛的发展。除前文所述的重点省市之外,包括天津、南京、西安、苏州、宁波、嘉兴、昆明、合肥、大连、福州、厦门等在内的众多城市也将物联网产业作为本地区重点发展的产业领域。此外,吉林、山西、河南、甘肃、贵州、湖南、海南等省份也在积极谋划本地区物联网产业的发展。而除一、二线重点城市外,中国众多三、四线城市也正结合本地区特色产业,积极谋划发展相关物联网产业,如四川绵阳市和成都市双流区、无锡江阴市、河北固安县、山东微山县等众多地县级城市,也纷纷结合本地区的特点大力培育发展物联网产业。

(3) 产业细分呈现"分工协作"。虽然目前中国物联网产业整体尚处于起步阶段,但RFID与传感器、物联网设备、相关软件,以及系统集成与应用等几大产品领域的产业分布已经呈现相对集中的态势,中国各重点产业集聚区之间的产业分工格局也已初步显现。随着未来中国物联网产业规模的不断壮大,以及应用领域的不断拓展,产业链之间的分工与整合也将随之进行,区域之间的分工协作格局也将进一步显现。总体来看,产业基础较好的地区,将分别在支撑层、感知层、传输层和平台层等几个层面确定各自的优势领域;而各二、三线城市,一方面更多聚焦于自身的产业基础继续发展壮大;另一方面将会推进物联网应用技术进步及物联网服务业为导向,以特色农业、汽车生产、电力设施、石油化工、光学制造、家居照明、海洋港口等一批特色产业基地为依托,打造一批具有物联网特色产业聚集区,促进物联网产业与已有特色产业的深度融合。

3.2.1　环渤海地区

环渤海地区是中国物联网产业重要的研发、设计、设备制造及系统集成基地。该地区关键支撑技术研发实力强劲、感知节点产业化应用与普及程度较高、网络传输方式多样化、综合化平台建设迅速,物联网应用广泛,并已基本形成较为完善的物联网产业发展体系架构。以北京为例,如图 3.1 所示。

(1) 产业基础。北京物联网技术研发及标准化优势明显,拥有中国科学院、清华大学、北京大学、北京邮电大学、北京科技大学等众多高等科研院校,以及全国信息技术标准化技术委员会、中国电子技术标准化研究所、中国移动研究院、中国联通研究院、中国电信北京研究院等标准化组织。同时,北京拥有中星微电子、大唐电信、清华同方、稳捷网络、时代凌宇等业务领域涉及物联网体系各架构层的物联网企业,在核心芯片研发、关键零部件及模组制造、整机生产、系统集成、软件设计以及工程服务等领域已经形成较为完整的产业链。

(2) 政府行动。借助 2008 年北京奥运会和国庆 60 周年等活动,北京在城市网格管理、视频监控、智能交通、食品溯源、水质和环境检测等行业领域,率先实现了多个物联网行业应用示范项目。目前,北京已在城市交通、市政市容管理、水务、环保、园林绿化、食品安全等多个领域实现了自动化的监测和管理。北京市政府也陆续出台了《建设中关村国家自主创新示范区行动计划(2010—2012 年)》《北京市城市安全运行和应急管理领域物联网应用建设总体方案》《北京市"十二五"时期科技北京发展建设规划》《北京市"十二五"时期城市信息化

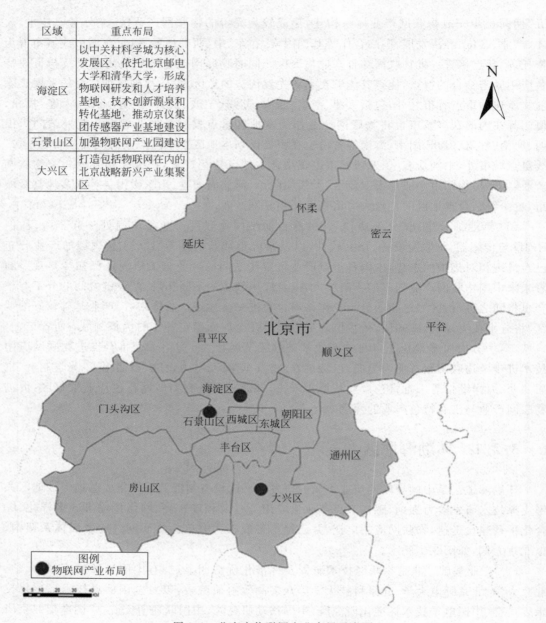

区域	重点布局
海淀区	以中关村科学城为核心发展区，依托北京邮电大学和清华大学，形成物联网研发和人才培养基地、技术创新源泉和转化基地，推动京仪集团传感器产业基地建设
石景山区	加强物联网产业园建设
大兴区	打造包括物联网在内的北京战略新兴产业集聚区

图 3.1   北京市物联网产业布局示意图

及重大信息基础设施建设规划》《"十二五"智慧北京行动纲要》等具体的物联网建设规划及方案。以智慧城市物联网解决方案作为突破口和主攻方向，以北京特大城市、提升精细化和智能化为导向，以聚集整合创新资源为重点提升、持续增强创新能力，以龙头企业为核心打造产业集群。同时以总体布局规划发展、整体推进核心突破、资源整合开放合作、创新驱动高端发展为四项基本原则，大力推动物联网产业发展。

（3）产业布局。北京以中关村物联网产业联盟为基础，以中关村科学城为产业的核心发展区，依托北京邮电大学和清华大学，形成物联网研发和人才培养基地、技术创新源泉和转化基地，推动京仪集团传感器产业基地建设；加强石景山区物联网产业示范园建设；加强大兴区物联网产业的聚集区；推动其他区县物联网示范工程的推广和应用。

（4）发展重点。北京物联网产业发展重在应用，主要聚焦在城市应急管理、社会安全、物流、市政市容管理应用、环境监测监管、水资源管理、安全生产监管、节能减排检测监管、医疗卫生及农产品和产品监管等领域。

（5）应用示范。北京着力建设的物联网应用示范工程包括首都城市应急管理物联网示范工程、城市安全运行和应急管理物联网应用辅助决策系统工程、北京市物联网应用支撑平台工程、春节期间烟花爆竹综合管理物联网应用示范工程、"城市生命线"实时监测物联网应用示范工程、安全生产物联网应用示范工程、"政治中心区"综合管理物联网应用示范工程、轨道交通安全防范物联网应用示范工程、极端天气条件下保持道路交通畅通物联网应用示范工程、城市运行保障和应急抢险车辆卫星定位管理物联网应用示范工程，以及区县和社区综合监管物联网应用示范工程等。

3.2.2　长三角地区

长三角地区是中国物联网概念的发源地，在发展物联网产业领域拥有得天独厚的先发优势。凭借该地区在电子信息领域深厚的产业基础，长三角地区物联网产业发展主要定位于产业链高端环节，从物联网软硬件核心产品和技术两个关键环节入手，实施标准与专利战略，形成全国物联网产业核心，促进龙头企业的培育和集聚。以上海为例，如图 3.2 所示。

（1）产业基础。上海市是中国物联网技术和应用的主要发源地之一，在技术研发和产业化应用方面具有一定基础。特别在推广应用方面，防入侵传感网防护系统已在上海机场成功应用，基于物联网技术的电子围栏已在世博园区安装，实现了智能安防。

（2）政府行动。上海市根据国家战略要求和本市经济社会发展实际，特制定《上海推进物联网产业发展行动方案（2010—2012 年）》，将本市物联网产业发展纳入市高新技术产业化发展范畴并加以推进。

（3）产业布局。上海市积极推动世博园区物联网应用示范成果，在嘉定、浦东、杨浦等地区建设物联网产业园和产业基地，形成若干个物联网应用示范区和产业集聚区，积极组建物联网技术、测试、应用平台，推广物联网示范工程应用。

（4）发展重点。上海市将先进传感器、核心控制芯片、短距离无线通信技术、组网和协同处理、系统集成和开放性平台技术、海量数据管理和挖掘等物联网技术作为物联网产业中重点发展的领域。

（5）应用示范。上海市正积极推进 10 个方面的应用示范工程，通过示范工程探索完善的运作模式，形成长效运作机制，将上海市打造成国家物联网应用示范城市。10 个方面包括环境监测、智能安防、智能交通、物流管理、楼宇节能管理、智能电网、医疗、精准控制农业、世博园区以及应用示范区和产业基地。

3.2.3　珠三角及周边地区

珠三角地区是中国电子整机的重要生产基地，电子信息产业链各环节发展成熟。在物联网产业发展上，珠三角地区围绕物联网设备制造、软件及系统集成、网络运营服务以及应

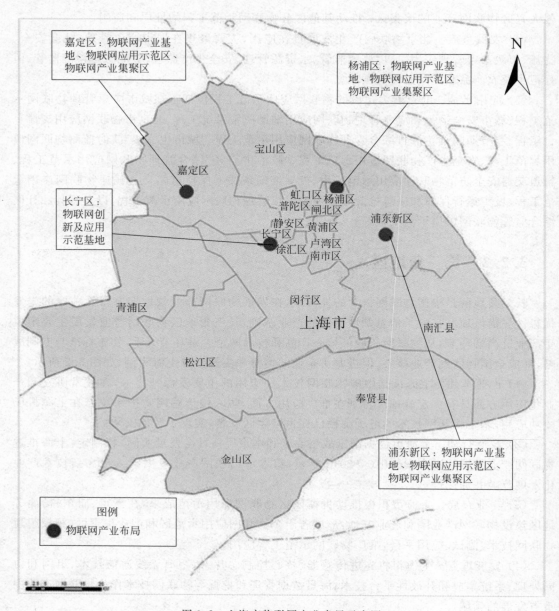

图 3.2　上海市物联网产业布局示意图

用示范领域,重点进行核心关键技术突破与创新能力建设、着眼于物联网创新应用、物联网基础设施建设、城市管理信息化水平提升,以及乡镇信息技术应用等方面。以深圳为例,如图 3.3 所示。

（1）产业基础。深圳市是中国电子信息产业国际化的领军城市,电子信息产业链条完善,企业创新能力强劲。目前,深圳市已经形成通信设备、数字视听产品、计算机以及软件四大产业的聚集,并形成了较强的竞争力和上下游产业配套能力。经过多年的积累,深圳市在物联网技术方面形成了自身独特的优势,特别是在信息通信、传感技术、射频识别等产业链环节,拥有先进的技术和解决方案。

区域	企业	区域	企业
南山区	以湾区和留仙洞新兴产业总部基地、软件产业基地、蛇口网谷互联网产业基地为基础，形成南山区产业聚集区	罗湖区	莲塘互联网产业集聚区
		龙岗区	坝光新兴产业基地和华为科技城新一代通信产业基地

图 3.3　深圳市物联网产业布局示意图

（2）政府行动。《深圳市国民经济和社会发展第十二个五年规划纲要》中明确提出，要"加强物联网关键技术攻关和应用""依托国家超级计算深圳中心，整合存储资源和运算资源，打造面向应用的城市公共云计算平台。建设物联网传感信息网络平台、物联信息交换平台和应用资源共享服务平台。"在深圳"十二五"规划纲要的基础上，深圳市进一步制定了《深圳推进物联网产业发展行动计划（2011—2013 年）》，更加全面、具体地指导本地物联网产业的发展。

（3）产业布局。以南山区湾区和留仙洞新兴产业总部基地、软件产业基地、蛇口网谷互联网产业基地、龙岗区坝光新兴产业基地以及华为科技城新一代通信产业基地等物联网体系架构中各层级产业基地的发展为基础,深圳形成了罗湖莲塘互联网产业集聚区、南山智能电网产业集聚区,应用示范工程覆盖全市的产业布局。

(4)发展重点。深圳计划着力打造涵盖物联网产业的电子信息 6 个产业链;加强物联网关键技术攻关和应用;建设物联网传感信息网络平台、物联信息交换平台和应用资源共享服务平台;加大城市物联网传感网络建设与整合力度;增强物联网在工业领域的应用。

(5)应用示范。深圳将应用物联网技术建设智慧交通、智慧物流、智慧电网、智慧水务、智慧生活等一系列实用性强、经济效益高、社会效益明显的应用示范工程。

3.2.4   其他地区

近年来,随着物联网技术的成熟以及产业链的发展,各个地区重点省市纷纷结合自身优势,布局物联网产业,抢占市场先机。湖北、四川、陕西、重庆、云南等中西部重点省市依托其在科研教育和人力资源方面的优势,以及 RFID、芯片设计、传感传动、自动控制、网络通信与处理、软件及信息服务等领域较好的产业基础,构建物联网完整产业链条和产业体系,重点培育物联网龙头企业,大力推广物联网应用示范工程。以无锡为例,如图 3.4 所示。

(1)产业基础。无锡市城镇化和现代化水平较高,拥有较强的城市综合实力和良好的产业基础,集成电路、软件和服务外包等产业在全国城市中名列前茅。近年来,无锡市高度重视发展物联网,出台了一系列政策措施,完善政、产、学、研合作机制,吸引国内外物联网高端人才到无锡创新创业。目前,全市拥有各类高层次物联网研发人员近千人,物联网相关企业近 400 家,一批国家级物联网技术研发和产业基地落户无锡,数十家高等院校、科研院所和大企业集团在无锡规划建设物联网研发机构,一批物联网典型应用示范项目正在建设,已形成了以新区、滨湖区、南长区为重点的产业聚集区。

(2)政府行动。2010 年,无锡市发布了《无锡市物联网产业发展规划纲要》,计划通过 3～5 年时间,基本建成集技术创新、产业化和市场应用于一体的物联网产业体系,努力成为掌握物联网核心和关键技术、产业规模化发展和广泛应用的物联网核心区、先导区及示范区。2012 年 8 月,国务院正式发布《无锡国家传感网创新示范区发展规划纲要(2012—2020年)》,批准无锡市在物联网领域的技术、应用和产业基础,建设无锡国家传感网创新示范区。

(3)产业布局。无锡市将新区无锡(太湖)国际科技园、滨湖区经济开发区和南长区传感网高新园组建成国家传感信息中心,全力打造物联网核心区,加快发展物联网重点区。同时,全市其他 6 个市(县)、区立足现有产业基础,为全市物联网产业发展提供配套、支撑和服务,做大、做强全市的物联网产业链。

(4)发展重点。无锡市规划重点培育和发展物联网核心产业、支撑产业和关联产业三大重点产业领域。加强感知、传输、处理、共性技术创新;面向重点领域,全力推广物联网应用;采取引进、合作、培育等方式,建立健全物联网技术创新和产业发展所需的各级各类服务平台;通过优化人才、资本、政策和服务环境,加快集聚物联网企业。

(5)应用示范。无锡市计划打造八大应用示范工程,包括智能制造、智能电力、智能物流、智能交通、智能安防、智能环保、智能医疗和智能家居,同时加快行业和领域的信息化进程。

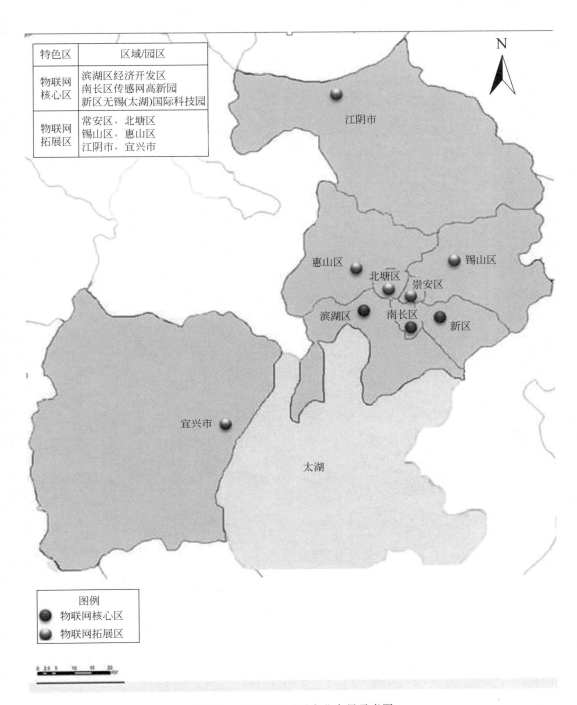

特色区	区域/园区
物联网核心区	滨湖区经济开发区 南长区传感网高新园 新区无锡(太湖)国际科技园
物联网拓展区	常安区，北塘区 锡山区，惠山区 江阴市，宜兴市

图例
- ● 物联网核心区
- ● 物联网拓展区

图 3.4　无锡市物联网产业布局示意图

第 2 篇

物联网技术

第 4 章
CHAPTER 4
物联网核心技术

4.1 物联网技术架构

虽然物联网的定义目前没有统一的说法,但对物联网的技术架构基本达成了共识,分为感知层、网络层、应用层,如图 4.1 所示。

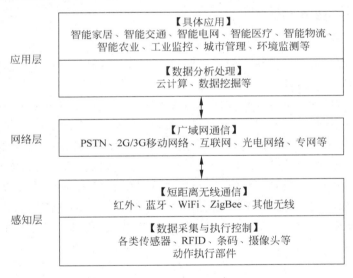

图 4.1 物联网技术架构

（1）感知层是让物品"说话"的先决条件,主要用于采集物理世界中发生的物理事件和数据,包括各类物理量、身份标识、位置信息、音频、视频数据等。物联网的数据采集涉及传感器、RFID、多媒体信息采集、二维码和实时定位等技术。感知层又分为数据采集与执行、短距离无线通信两个部分。数据采集与执行主要是运用智能传感器技术、身份识别以及其他信息采集技术,对物品进行基础信息采集,同时接收上层网络送来的控制信息,完成相应执行动作。这相当于给物品赋予了嘴巴、耳朵和手,既能向网络表达自己的各种信息,又能接收网络的控制命令,完成相应动作。短距离无线通信能完成小范围内的多个物品的信息集中与互通功能,相当于物品的脚。

（2）网络层完成大范围的信息沟通，主要借助已有的广域网通信系统（如 PSTN 网络、2G/3G 移动网络、互联网等），把感知层感知到的信息快速、可靠、安全地传送到地球的各个地方，使物品能够进行远距离、大范围的通信，以实现在地球范围内的通信。这相当于人借助火车、飞机等公共交通系统在地球范围内的交流。当然，现有的公共网络是针对人的应用而设计的，当物联网大规模发展之后，能否完全满足物联网数据通信的要求还有待验证。即便如此，在物联网的初期，借助已有公共网络进行广域网通信也是必然的选择，如同 20 世纪 90 年代中期在 ADSL 与小区宽带发展起来之前，用电话线进行拨号上网一样，它也发挥了巨大的作用，完成了其应有的阶段性历史任务。

（3）应用层完成物品信息的汇总、协同、共享、互通、分析、决策等功能，相当于物联网的控制层与决策层。物联网的根本是为人服务，应用层的功能是完成物品与人的最终交互，前面两层将物品的信息大范围地收集起来，汇总在应用层进行统一分析、决策，用于支撑跨行业、跨应用、跨系统之间的信息协同、共享、互通，提高信息的综合利用度，最大程度地为人类服务。其具体的应用服务又回归到前面提到的各个行业应用，如智能交通、智能医疗、智能家居、智能物流、智能电力等。

4.2　感知层核心技术

感知层位于物联网三层架构中的最底层，其功能为"感知"，即通过传感网络获取环境信息，是物联网的核心，也是信息采集的关键部分。

感知层解决的是人类世界和物理世界的数据获取问题。它首先通过传感器、数码相机等设备，采集外部物理世界的数据，然后通过 RFID、条码、工业现场总线、蓝牙、红外等短距离传输技术传递数据。感知层所需要的关键技术包括检测技术、短距离无线通信技术等，由基本的感应器件（如 RFID 标签和读写器、各类传感器、摄像头、GPS、二维码标签和识读器等基本标识和传感器件组成）以及感应器组成的网络（如 RFID 网络、传感器网络等）两大部分组成。该层的核心技术包括射频技术、新兴传感技术、无线网络组网技术、现场总线控制技术（FCS）等，涉及的核心产品包括传感器、电子标签、传感器节点、无线路由器、无线网关等。

4.2.1　传感器技术

传感器技术是物联网的基础技术之一，处于物联网构架的感知层。传感器是一种能把特定的被测信号，按一定规律转换成某种可用信号输出的器件或装置，以满足信息的传输、处理、记录、显示和控制等要求。传感器处于研究对象与检测系统的接口位置，是感知、获取与检测信息的窗口，它提供物联网系统赖以进行决策和处理所必需的原始数据。

按被测量来分类，传感器可以分为物理量传感器、化学量传感器和生理量传感器 3 类，详见表 4.1。

表 4.1　传感器分类

按被测量分类	物理量传感器	力学量	压力传感器、力传感器、力矩传感器、速度传感器、加速度传感器、流量传感器、位移传感器、位置传感器、尺度传感器、密度传感器、黏度传感器、硬度传感器、浊度传感器
		热学量	温度传感器、热流传感器、热导率传感器
		光学量	可见光传感器、红外光传感器、紫外光传感器、照度传感器、色度传感器、图像传感器、亮度传感器
		磁学量	磁场强度传感器、磁通传感器
		电学量	电流传感器、电压传感器、电场强度传感器
		声学量	声压传感器、噪声传感器、超声波传感器、声表面波传感器
		射线	X 射线传感器、β 射线传感器、γ 射线传感器、辐射剂量传感器
	化学量传感器		离子传感器、气体传感器、湿度传感器
	生理量传感器	生物量	体压传感器、脉搏传感器、心音传感器、体温传感器、血流传感器、呼吸传感器、血容量传感器、体电图传感器
		生化量	酶式传感器、免疫血型传感器、微生物型传感器、血气传感器、血液电解质传感器

在物联网中,传感器用来进行各种数据信息的采集和简单的加工处理,并通过固有协议,将数据信息传送给物联网终端处理。例如,通过 RFID 进行标签号码的读取,通过 GPS 得到物体位置信息,通过图像感知器得到图片或图像,通过环境传感器取得环境温湿度等参数。传感器属于物联网中的传感网络层。传感网络网作为物联网的最基本一层,具有十分重要的作用。

4.2.2　二维条码

一维条码自出现以来,得到了人们的极大关注,发展十分迅速。它的使用极大提高了数据采集及信息处理的速度,提高了工作效率,并为管理的科学化和现代化做出了很大贡献。随着条形码的广泛应用和新的要求不断产生,传统的一维条码渐渐表现出了它的局限,一维条码的信息密度低、信息容量小,仅能容 10～20 字节的数字符号,只能对"物品"进行标识,而不能对"物品"进行描述,无法提供物品的名称、生产日期、使用说明等信息。而且使用一维条码必须通过连接数据库的方式提取信息才能明确条码所表达的信息含义,因此在没有数据库或者不便联网的地方,一维条码的应用就受到了限制。在这种情况之下,二维条码应运而生,由于二维条码用某种特定的几何图形按一定规律在平面(二维方向)上分布的条、空相间的图形来记录数据符号信息,因而具有信息密度高、信息容最大、抗干扰能力强、纠错能力强等特点,不仅能标识物品,而且能精确地描述物品,在远离数据库和不便联网的地方也能对数据实现采集。目前,二维条码信息容量已接近 2000 字节,通过压缩技术能将凡是可以数字化的信息,包括汉字、照片、指纹、签字、声音等进行编码,实现信息的携带、传递和防伪。

二维条形码是自动识别中的一项重要技术,也是物联网产业的关键、核心技术之一。与一维条码一样,二维条码也有许多不同的编码方法或称码制。根据编码原理和结构形状的差异,一般可分为以下两大类型。

（1）行排式或层排式二维条码（2D Stacked or Tiered Barcode）。该类条码是在一维条码编码原理的基础上，将多个一维码在纵向堆叠而产生的，典型的码制如 Code 49、Code 16K、PDF417 等。

（2）棋盘式或矩阵式二维条码（2D Checkerboard or Dot Matrix Barcode）。该类条码是在一个矩形空间通过黑、白像素在矩阵中的不同分布进行编码。典型的码制如汉信码、QR Code、Date Matrix、Code one、Maxi Code 等。

二维条码的外观是一个由许多小方格所组成的正方形或长方形符号，如图 4.2 所示，其资讯的储存是以浅色与深色方格的排列组合，以二位元码（Binary-code）方式来编码，故计算机可直接读取其资料内容，而不需要如传统一维条码的符号对映表（Character Look-up Table）。深色代表"1"，浅色代表"0"，再利用成串（String）的浅色与深色方格来描述特殊的字元资讯，这些字串再列成一个完整的矩阵式码，形成二维条码，再以不同的印表机印在不同材质表面。由于二维条码只需要读取资料的 20% 即可精确辨读，因此很适合应用在条码容易受损的场所，如印在暴露于高热、化学清洁剂、机械剥蚀等特殊环境的零件上。

图 4.2　二维条码外观

二维条码的编码过程如下。

（1）数据分析。确定编码的字符类型，按相应的字符集转换成符号字符；选择纠错等级，在规格一定的条件下，纠错等级越高其真实数据容量越小。

（2）数据编码。将数据字符转换为位流，每 8 位一个码字，整体构成一个数据的码字序列。其实知道这个数据码字序列就知道了二维码的数据内容。

（3）纠错编码。按需要将上面的码字序列分块，并根据纠错等级和分块的码字，产生纠错码字，并把纠错码字加入到数据码字序列后面，成为一个新的序列。在二维码规格和纠错等级确定的情况下，其实它所能容纳的码字总数和纠错码字数也就确定了。例如，版本 10，纠错等级是 H 时，总共能容纳 346 个码字，其中 224 个纠错码字。就是说二维码区域中大约 1/3 的码字是冗余的。对于这 224 个纠错码字，它能够纠正 112 个替代错误（如黑白颠倒）或者 224 个拒读错误（无法读到或者无法译码），这样纠错容量为 112/346×100% = 32.4%。

（4）构造最终数据信息。在规格确定的条件下，将上面产生的序列按次序放在分块中，按规定把数据分块，然后对每一块进行计算，得出相应的纠错码字区块，把纠错码字区块按顺序构成一个序列，添加到原先的数据码字序列后面，如 D1、D12、D23、D35、D2、D13、D24、D36、…、D11、D22、D33、D45、D34、D46、E1、E23、E45、E67、E2、E24、E46、E68、…。

（5）构造矩阵。在构造矩阵之前，先了解一个普通二维码的基本结构。

（6）掩膜。将掩膜图形用于符号的编码区域，使得二维码图形中的深色和浅色（黑色和白色）区域能够比率最优地分布。

（7）格式和版本信息。生成格式和版本信息放入相应区域内。版本 7～40 都包含了版本信息，没有版本信息的全为 0。二维码上两个位置包含了版本信息，它们是冗余的。版本信息共 18 位，6×3 的矩阵，其中 6 位是数据位，如版本号 8，数据位的信息是 001000，后面的 12 位是纠错位。

根据目前状况来看,二维条形码在物流和人员管理方面得到了较大的应用及发展。在电子信息技术高速发展的今天,与手机相结合应用将是二维条形码的又一发展方向。现如今,二维条形码在物流管理中具有更加相对成熟的技术,其主要是将二维条形码用来描述物品,另外在货物的存储和运输中对其进行描述必不可少。现在的情况大多是自然语言描述,这在很大程度上影响了信息的采集速度和精度。将二维条形码应用于物流管理,即将二维条形码制作在货物的包装上,这是其他自动识别技术(如 IC 卡)不可能做到的。二维条形码在物流的应用方面一定程度上加快了物流管理现代化的进程。

4.2.3　RFID 技术

在对传感网技术的开发和市场的拓展中,其中非常关键的技术之一是 RFID 技术,实质是利用 RFID 技术结合已有的网络技术、数据库技术、中间件技术等,构筑一个由大量联网的阅读器(Reader)和无数移动的标签(Tag)组成比互联网更为庞大的物联网,因此 RFID 技术成为物联网发展的排头兵。

RFID(Radio Frequency Identification,射频识别技术)是一项利用射频信号通过空间电磁耦合实现无接触信息传递并通过所传递的信息达到物体识别的技术。

RFID 系统主要由三部分组成,即电子标签、读写器和天线(Antenna)。其中,电子标签芯片具有数据存储区,用于存储待识别物品的标识信息;读写器是将约定格式的待识别物品的标识信息写入电子标签的存储区中(写入功能),或在读写器的阅读范围内以无接触的方式将电子标签内保存的信息读取出来(读出功能);天线用于发射和接收射频信号,往往内置在电子标签或读写器中。

RFID 技术的工作原理是:电子标签进入读写器产生的磁场后,接收解读器发出的射频信号,凭借感应电流所获得的能量发送出存储在芯片中的产品信息(无源标签或被动标签),或者主动发送某一频率的信号(有源标签或主动标签);解读器读取信息并解码后,送至中央信息系统进行有关数据处理。

RFID 按应用频率的不同分为低频(LF)、高频(HF)、超高频(UHF)、微波(MW),相对应的代表频率分别为低频(135kHz 以下)、高频(13.56MHz)、超高频(860～960MHz)、微波(2.4～5.8GHz)。目前,实际 RFID 应用以低频和高频产品为主;但超高频标签因其具有可识别距离远和成本低的优势,未来将有望逐渐成为主流。

4.3　共性支撑层核心技术

4.3.1　中间件技术

中间件是独立的系统软件或服务程序,分布式应用软件借助中间件在不同的技术之间实现资源共享。应用于客户机/服务器的操作系统,管理计算机资源和网络通信。主要功能是连接两个独立应用程序或独立系统的软件,使相连接的系统即使具有不同的接口,利用中间件仍然能相互交换信息。执行中间件的关键途径是信息传递。示意图如图 4.3 所示。

中间件具有满足大量应用的需要、运行于多种硬件和 OS 平台、支持分布计算,提供跨网络、硬件和 OS 平台的透明的应用或服务的交互、支持标准的协议和标准的接口几个主要特点。对于应用软件开发,中间件远比操作系统和网络服务更为重要;中间件提供的程序接口定义了一个相对稳定的高层应用环境,不管底层的计算机硬件和系统软件怎样更新换代,只要将中间件升级更新,并保持对外接口定义不变,应用软件几乎不需要任何修改,从而保护企业在应用软件开发和维护中的重大投资。

图 4.3　中间件示意图

在物联网中采用中间件技术,可实现多个系统和多种技术之间的资源共享,最终组成一个资源丰富、功能强大的服务系统。基于目的和实现机制的不同,业内将中间件分为以下几类。

(1) 远程过程调用中间件(Remote Procedure Call)。

(2) 面向消息的中间件(Message-Oriented Middleware)。

(3) 对象请求代理中间件(Object Request Brokers)。

几类中间件可向上提供不同形式的通信服务,在这些基本的通信平台之上,可构筑各种框架,为应用程序提供不同领域内的服务,如事务处理监控器、分布数据访问、对象事务管理器等。平台为上层应用屏蔽了异构平台的差异,而其上的框架又定义了相应领域内应用的系统结构、标准的服务组件等,用户只需告诉框架所关心的事件,然后提供处理这些事件的代码。当事件发生时,框架会调用用户的代码。用户代码不用调用框架,用户程序也不必关心框架结构、执行流程、对系统级 API 的调用等,所有这些由框架负责完成。因此,基于中间件开发的应用具有良好的可扩充性、易管理性、高可用性和可移植性。

物联网中间件最主要的代表是 RFID 中间件,其他的还有嵌入式中间件、数字电视中间件、通用中间件、M2M 物联网中间件等。

RFID 中间件扮演 RFID 标签和应用程序之间的中介角色,从应用程序端使用中间件所提供一组通用的应用程序接口(API),即能连到 RFID 读写器,读取 RFID 标签数据。使用中间件后即使存储 RFID 标签数据的数据库软件或后端应用程序增加或改由其他软件取代,或者读写 RFID 读写器种类增加等情况发生时,应用端不需修改也能处理,省去多对多连接的维护复杂性问题。

4.3.2　物联网安全

根据物联网自身的特点,物联网除了存在移动通信网络的传统网络安全问题之外,还存在着一些与已有移动网络安全不同的特殊安全问题。这是由于物联网是由大量的机器构成,缺少人对设备的有效监控,并且数量庞大、设备集群等相关问题造成的,这些特殊的安全问题主要有以下几个方面。

(1) 物联网机器/感知节点的本地安全问题。由于物联网的应用可以取代人来完成一些复杂、危险和机械的工作。所以物联网机器/感知节点多数部署在无人监控的场景中。那么攻击者就可以轻易地接触到这些设备,从而对它们造成破坏,甚至通过本地操作更换机器的软硬件。

（2）感知网络的传输与信息安全问题。感知节点通常情况下功能简单（如自动温度计）、携带能量少（使用电池），使得它们无法拥有复杂的安全保护能力，而感知网络多种多样，从温度测量到水文监控，从道路导航到自动控制，它们的数据传输和消息也没有特定的标准，所以无法提供统一的安全保护体系。

（3）核心网络的传输与信息安全问题。核心网络具有相对完整的安全保护能力，但是由于物联网中节点数量庞大且以集群方式存在，因此会导致在数据传播时，由于大量机器的数据发送使网络拥塞，产生拒绝服务攻击。此外，现有通信网络的安全架构都是从人通信的角度设计的，并不适用于机器的通信。使用现有安全机制会割裂物联网机器间的逻辑关系。

（4）物联网业务的安全问题。由于物联网设备是先部署后连接网络，而物联网节点又无人看守，所以如何对物联网设备进行远程签约信息和业务信息配置就成了难题。另外，庞大且多样化的物联网平台必然需要一个强大而统一的安全管理平台，否则独立的平台会被各式各样的物联网应用所淹没，但如此一来，如何对物联网机器的日志等安全信息进行管理就成为新的问题，并且可能割裂网络与业务平台之间的信任关系，导致新一轮安全问题的产生。

传统的网络中，网络层的安全和业务层的安全是相互独立的，就如同领导间的交流方式与秘书间的交流方式是不同的。而物联网的特殊安全问题很大一部分是由于物联网是在现有移动网络基础上集成了感知网络和应用平台带来的，也就是说，领导与秘书合二为一了。因此，移动网络中的大部分机制仍然可以适用于物联网并能够提供一定的安全性，如认证机制、加密机制等。但还是需要根据物联网的特征对安全机制进行调整和补充。

1．物联网中的业务认证机制

传统的认证是区分不同层次的，网络层的认证就负责网络层的身份鉴别，业务层的认证就负责业务层的身份鉴别，两者独立存在。但是在物联网中，大多数情况下，机器都是拥有专门的用途，因此其业务应用与网络通信紧紧地绑在一起。由于网络层的认证是不可缺少的，那么其业务层的认证机制就不再是必需的，而是可以根据业务由谁来提供和业务的安全敏感程度来设计。

例如，当物联网的业务由运营商提供时，那么就可以充分利用网络层认证的结果而不需要进行业务层的认证；当物联网的业务由第三方提供也无法从网络运营商处获得密钥等安全参数时，它就可以发起独立的业务认证而不用考虑网络层的认证；或者当业务是敏感业务（如金融类业务）时，一般业务提供者会不信任网络层的安全级别，而使用更高级别的安全保护，那么这个时候就需要做业务层的认证；而当业务是普通业务时，如气温采集业务等，业务提供者认为网络认证已经足够，那么就不再需要业务层的认证了。

2．物联网中的加密机制

传统的网络层加密机制是逐跳加密，即信息在发送过程中，虽然在传输过程中是加密的，但是需要不断地在每个经过的节点上解密和加密，即在每个节点上都是明文的。而传统的业务层加密机制则是端到端的，即信息只在发送端和接收端才是明文，而在传输的过程和转发节点上都是密文。由于物联网中网络连接和业务使用紧密结合，那么就面临到底使用逐跳加密还是端到端加密的选择。

对于逐跳加密来说,它可以只对有必要受保护的链接进行加密,并且由于逐跳加密在网络层进行,所以可以适用于所有业务,即不同的业务可以在统一的物联网业务平台上实施安全管理,从而做到安全机制对业务的透明。这就保证了逐跳加密的低时延、高效率、低成本和可扩展性好的特点。但是,因为逐跳加密需要在各传送节点上对数据进行解密,所以各节点都有可能解读被加密消息的明文,因此逐跳加密对传输路径中的各传送节点的可信任度要求很高。

而对于端到端的加密方式来说,它可以根据业务类型选择不同的安全策略,从而为高安全要求的业务提供高安全等级的保护。不过端到端的加密不能对消息的目的地址进行保护,因为每一个消息所经过的节点都要以此目的地址来确定如何传输消息。这就导致端到端加密方式不能掩盖被传输消息的源点与终点,并容易受到对通信业务进行分析而发起的恶意攻击。另外从国家政策角度来说,端到端的加密也无法满足国家合法监听政策的需求。

由这些分析可知,对一些安全要求不是很高的业务,在网络能够提供逐跳加密保护的前提下,业务层端到端的加密需求就显得并不重要。但是对于高安全需求的业务,端到端的加密仍然是其首选。因而,由于不同物联网业务对安全级别的要求不同,可以将业务层端到端安全作为可选项。

目前物联网的发展还是初级阶段,更多的时候只是一种概念,其具体的实现结构等内容更无从谈起。所以,关于物联网的安全机制在业界也是空白,关于物联网的安全研究任重而道远。

4.4   应用层核心技术

应用层主要是根据行业特点,借助互联网技术手段,开发各类的行业应用解决方案,将物联网的优势与行业的生产经营、信息化管理和组织调度结合起来,形成各类的物联网解决方案,构建智能化的行业应用。例如,交通行业涉及的就是智能交通技术;电力行业采用的是智能电网技术;物流行业采用的是智慧物流技术等。行业的应用还要更多涉及系统集成技术、资源打包技术等。

4.4.1   M2M 技术

通信网络技术的出现和发展,给社会生活面貌带来了极大的变化。人与人之间可以更加快捷地沟通,信息的交流更顺畅。但是目前仅仅是计算机和其他一些 IT 类设备具备这种通信和网络能力。众多的普通机器设备几乎不具备联网和通信能力,如家电、车辆、自动售货机、工厂设备等。M2M 技术的目标就是使所有机器设备都具备联网和通信能力,其核心理念就是网络一切(Network Everything),具有非常重要的意义和广阔的前景。

M2M 是一种理念,也是所有增强机器设备通信和网络能力的技术总称,表达的是多种不同类型的通信技术有机地结合在一起:机器之间通信;机器控制通信;人机交互通信;移动互联通信。人与人之间的沟通很多也是通过机器实现的,如通过手机、电话、计算机、传真机等机器设备之间的通信来实现人与人之间的沟通。另一类技术是专为机器和机器建立通信而设计的,如许多智能化仪器仪表都带有 RS-232 接口和 GPIB 通信接口,增强了仪器与仪器之间、仪器与计算机之间的通信能力。

M2M 让机器、设备、应用处理过程与后台信息系统共享信息,并与操作者共享信息。它提供了设备实时地在系统之间、远程设备之间或和个人之间建立无线连接、传输数据的手段。M2M 技术综合了数据采集、GPS、远程监控、电信、信息技术,是计算机、网络、设备、传感器、人类等的生态系统,能够使业务流程自动化,集成公司资讯科技(IT)系统和非 IT 设备的实时状态,并创造增值服务。这一平台可在安全监测、自动抄表、机械服务和维修业务、自动售货机、公共交通系统、车队管理、工业流程自动化、电动机械、城市信息化等环境中运行并提供广泛的应用和解决方案。

M2M 产品主要由以下 3 个部分构成。

(1) 无线终端。都是特殊的行业应用终端,而不是通常的手机或笔记本电脑。

(2) 传输通道。从无线终端到用户端的行业应用中心之间的通道。

(3) 行业应用中心。是终端上传数据的会聚点,对分散的行业终端进行监控。特点是行业特征强、用户自行管理且可位于企业端或者托管。

M2M 涉及 5 个重要的技术部分,即机器、M2M 硬件、通信网络、中间件、应用。

1. 智能化机器

实现 M2M 的第一步就是从机器/设备中获得数据,然后把它们通过网络发送出去。使机器"开口说话"(Talk),让机器具备信息感知、信息加工(计算能力)和无线通信能力。使机器具备"说话"能力的基本方法有两种:生产设备时嵌入 M2M 硬件;对已有机器进行改装,使其具备通信/联网能力。

2. M2M 硬件

M2M 硬件是使机器获得远程通信和联网能力的部件。主要进行信息的提取,从各种机器/设备那里获取数据,并传送到通信网络。现在的 M2M 硬件共分为以下 5 种。

1) 嵌入式硬件

嵌入到机器里面,使其具备网络通信能力。常见的产品是支持 GSM/GPRS 或 CDMA 无线移动通信网络的无线嵌入数据模块。

2) 可组装硬件

在 M2M 的工业应用中,厂商拥有大量不具备 M2M 通信和联网能力的设备仪器,可组装硬件就是为满足这些机器的网络通信能力而设计的。实现形式也各不相同,包括从传感器收集数据的 I/O 设备、完成协议转换功能以及将数据发送到通信网络的连接终端(Connectivity Terminals);有些 M2M 硬件还具备回控功能。

3) 调制解调器

上面提到嵌入式模块将数据传送到移动通信网络上时,起的就是调制解调器(Modem)的作用。如果要将数据通过公用电话网络或者以太网送出,分别需要相应的 Modem。

4) 传感器

传感器可分成普通传感器和智能传感器两种。智能传感器(Smart Sensor)是指具有感知能力、计算能力和通信能力的微型传感器。由智能传感器组成的传感器网络（Sensor Network）是 M2M 技术的重要组成部分。一组具备通信能力的智能传感器以 Ad Hoc 方式构成无线网络，协作感知、采集和处理网络覆盖的地理区域中感知对象的信息，并发布给观察者；也可以通过 GSM 网络或卫星通信网络将信息传给远方的 IT 系统。

5）识别标识

识别标识（Location Tags）如同每台机器、每个商品的"身份证"，使机器之间可以相互识别和区分。常用的技术如条形码技术、射频识别卡（Radio-Frequency Identification，RFID）技术等。标识技术已经被广泛用于商业库存和供应链管理中。

3. 通信网络

将信息传送到目的地。通信网络在整个 M2M 技术框架中处于核心地位，包括广域网（无线移动通信网络、卫星通信网络、Internet、公众电话网）、局域网（以太网、无线局域网 WLAN、Bluetooth）和个域网（ZigBee、传感器网络）。

4. 中间件

中间件包括两部分即 M2M 网关、数据收集/集成部件。网关是 M2M 系统中的"翻译员"，它获取来自通信网络的数据，将数据传送给信息处理系统。主要的功能是完成不同通信协议之间的转换。

5. 应用

数据收集/集成部件是为了将数据变成有价值的信息，对原始数据进行不同加工和处理，并将结果呈现给需要这些信息的观察者和决策者。这些中间件包括数据分析与商业智能部件、异常情况报告与工作流程部件、数据仓库与存储部件等。

4.4.2　人工智能技术

自 20 世纪 50 年代以来，经过了几个阶段的不断探索和发展，人工智能在模式识别、知识工程、机器人等领域已经取得重大成就，但是离真正意义上的人类智能还相差甚远。进入新世纪以来，随着信息技术的快速进步，与人工智能相关的技术水平也得到了相应的提高。尤其是随着因特网的普及和应用，对人工智能的需求变得越来越迫切，也给人工智能的研究提供了新的更加广泛的舞台。

人工智能（Artificial Intelligence，AI）是研究、开发用于模拟、延伸和扩展人类智能的理论、方法、技术及应用系统的一门新的技术科学。人工智能是计算机科学的一个分支，它企图了解智能的实质，并生产出一种新的能以人类智能相似的方式做出反应的智能机器，该领域典型的研究包括以下几个。

1. 符号计算

计算机最主要的用途之一就是科学计算。科学计算可分为两类：一类是纯数值的计算，如求函数的值；另一类是符号计算，又称为代数运算，这是一种智能化的计算，处理的是符号。符号可以代表整数、有理数、实数和复数,也可以代表多项式、函数、集合等。随着计算机的普及和人工智能的发展,相继出现了多种功能齐全的计算机代数系统软件,其中 Mathematic 和 Maple 是其代表。由于它们都是用 C 语言写成的,所以可以在绝大多数计算机上使用。

2. 模式识别

模式识别就是通过计算机用数学技术方法来研究模式的自动处理和判读。这里把环境与客体统称为"模式"。用计算机实现模式(文字、声音、人物、物体等)的自动识别,是开发智能机器的一个关键突破口,也为人类认识自身智能提供线索。计算机识别的显著特点是速度快、准确性和效率高。识别过程与人类的学习过程相似,以"语音识别"为例:语音识别就是让计算机能听懂人说的话,一个重要的例子就是七国语言(英、日、意、韩、法、德、中)口语自动翻译系统。该系统实现后,人们出国预订旅馆、购买机票、在餐馆对话和兑换外币时,只要利用电话网络和国际互联网,就可用手机、电话等与"老外"通话。

3. 机器翻译

机器翻译是利用计算机把一种自然语言转变成另一种自然语言的过程,用以完成这一过程的软件系统叫做机器翻译系统。目前,国内的机器翻译软件不下百种,根据这些软件的翻译特点大致可以分为 3 大类,即词典翻译类、汉化翻译类和专业翻译类。词典类翻译软件的代表是"金山词霸",堪称是多快好省的电子词典,它可以迅速查询英文单词或词组的词义并提供单词的发音,为用户了解单词或词组含义提供了极大的便利。汉化翻译软件的典型代表是"东方快车 2000",它首先提出了"智能汉化"的概念,"智能汉化"使翻译软件的辅助翻译作用更加明显。

4. 机器学习

机器学习是机器具有智能的重要标志,同时也是机器获取知识的根本途径。有人认为,一个计算机系统如果不具备学习功能,就不能称其为智能系统。机器学习主要研究如何使计算机能够模拟或实现人类的学习功能。机器学习是一个难度较大的研究领域,它与认知科学、神经心理学、逻辑学等学科都有着密切的联系,并对人工智能其他分支(如专家系统、自然语言理解、自动推理、智能机器人、计算机视觉、计算机听觉等方面)的发展起到重要的推动作用。

5. 问题求解

人工智能的第一大成就是下棋程序,今天的计算机程序已能够达到各种方盘棋和国际象棋的锦标赛水平。但是,尚未解决包括人类棋手具有但尚不能明确表达的能力,如国际象棋大师洞察棋局的能力。另一个问题是涉及问题的原概念,在人工智能中叫问题表示的选择,人们常能找到某种思考问题的方法,使求解变易从而解决该问题。到目前为止,人工智能程序已能知道如何考虑它们要解决的问题,即搜索解答空间和寻找较优解答。

6. 逻辑推理与定理证明

逻辑推理是人工智能研究中最持久的领域之一，其中特别重要的是要找到一些方法，只把注意力集中在一个大型的数据库中的有关事实上，留意可信的证明，并在出现新信息时适时修正这些证明。医疗诊断和信息检索都可以和定理证明问题一样加以形式化。因此，在人工智能方法的研究中，定理证明是一个极其重要的论题。

7. 自然语言处理

自然语言的处理是人工智能技术应用于实际领域的典型范例，经过多年艰苦努力，这一领域已获得了大量令人瞩目的成果。目前该领域的主要课题是：计算机系统如何以主题和对话情境为基础，注重大量的常识——世界知识和期望作用，生成和理解自然语言。这是一个极其复杂的编码和解码问题。

8. 分布式人工智能

分布式人工智能在 20 世纪 70 年代后期出现，是人工智能研究的一个重要分支。分布式人工智能系统一般由多个 Agent（智能体）组成，每一个 Agent 又是一个半自治系统，Agent 之间以及 Agent 与环境之间进行并发活动，并通过交互来完成问题求解。

9. 计算机视觉

计算机视觉是一门用计算机实现或模拟人类视觉功能的新兴学科，其主要研究目标是使计算机具有通过二维图像认知三维环境信息的能力，这种能力不仅包括对三维环境中物体形状、位置、姿态、运动等几何信息的感知，而且还包括对这些信息的描述、存储、识别与理解。目前，计算机视觉已在人类社会的许多领域得到成功应用。例如，在图像、图形识别方面有指纹识别、染色体识字符识别等；在航天与军事方面有卫星图像处理、飞行器跟踪、成像精确制导、景物识别、目标检测等；在医学方面有图像的脏器重建、医学图像分析等；在工业方面有各种监测系统、生产过程监控系统等。

10. 智能信息检索技术

信息获取和精化技术已成为当代计算机科学与技术研究中迫切需要研究的课题，将人工智能技术应用于这一领域的研究是人工智能走向广泛实际应用的契机与突破口。

11. 专家系统

专家系统是目前人工智能中最活跃、最有成效的一个研究领域，是一种具有特定领域内大量知识与经验的程序系统。近年来，在"专家系统"或"知识工程"的研究中已出现了成功和有效应用人工智能技术的趋势。人类专家由于具有丰富的知识，所以才能达到优异地解决问题的能力。那么计算机程序如果能体现和应用这些知识，也应该能解决人类专家所解决的问题，而且能帮助人类专家发现推理过程中出现的差错，现在这一点已被证实。例如，在矿物勘测、化学分析、规划和医学诊断方面，专家系统已经达到了人类专家的水平。

第 5 章
CHAPTER 5
物联网关联技术

5.1 云计算技术

近年来互联网迅猛发展,给人们的工作和生活带来极大的便利。但互联网带来的新服务远远赶不上人们对它的需求。现在处于数据爆炸的时代,数据量每 18 个月就会翻一番。存储和处理这些增加的数据离不开高性能环境的支持,而个人计算机已经远远满足不了数据处理的要求。对互联网企业而言,高性能计算环境面临高成本的瓶颈。这些成本包括人力成本、资金成本、时间成本、使用成本、环境成本等。在这种背景下,云计算(Clouds Computing)应运而生。

云计算被称为是继大型计算机、个人计算机、互联网之后的第四次 IT 产业革命。2010—2013 年,云计算均列入十大战略技术。越来越多的信息系统和信息终端将依托云计算平台而存在,越来越多的研发和运营流程将依托云计算平台来支撑。众多新技术的运用使得云计算的性价比达到传统模式的 30 倍以上。

5.1.1 云计算概念和特点

云计算是分布式计算、并行计算、效用计算、网络存储、虚拟化、负载均衡热备份冗余等传统计算机和网络技术发展融合的产物。云计算的服务形式如图 5.1 所示。

云计算旨在通过网络把多个成本相对较低的计算实体整合成一个具有强大计算能力的完美系统,并借助 SaaS(Software as a Service,软件即服务)、PaaS(Platform as a Service,平台即服务)、IaaS(Infratructure as a Service,基础设施即服务)等先进的商业模式,把强大的计算能力分布到终端用户手中。云计算能够通过不断提高"云"的处理能力,减少用户的处理负担,最终使用户终端简化成一个单纯的输入输出设备,并能按需享受"云"的强大计算处理能力。

作为一种基于互联网的大众参与的计算模式,云计算有很多特点,但是被普遍接受的特点是超大规模、虚拟化、高可靠性、通用性、高可扩展性、按需服务和极其廉价。

图 5.1 云计算的服务形式

　　超大规模："云"具有相当的规模，Google 云计算已经拥有 100 多万台服务器，Amazon、IBM、微软、雅虎等的"云"均拥有几十万台服务器。企业私有云一般拥有数百上千台服务器。"云"能赋予用户前所未有的计算能力。

　　虚拟化：云计算支持用户在任意位置使用各种终端获取应用服务。所请求的资源来自"云"，而不是固定的有形实体。应用在"云"中某次运行，但实际上用户无须了解，也不用担心运行的具体位置。只需要一台计算机或者一个手机，就可以通过网络服务来实现所需要的一切，甚至包括超级计算这样的任务。

　　高可靠性："云"使用了数据多副本容错、计算节点同构可呼唤等措施来保障服务的高可靠性，使用云计算比使用本地计算机可靠。

　　通用性：云计算不针对特定的应用，在"云"的支撑下可以构造出千变万化的应用，同一个"云"可以同时支撑不同的应用运行。

　　高可扩展性："云"的规模可以动态伸缩，满足应用和用户规模增长的需要。

　　按需服务："云"是一个庞大的资源地，可按需购买。

　　极其廉价：由于"云"的特殊容错措施可以采用极其廉价的节点来构成云，"云"的自动化集中式管理使大量企业无须负担日益增加的数据中心管理成本，"云"的通用性使资源的利用率较之传统系统大幅提升，因此用户可以充分享受"云"的低成本优势，通常只要花费几百美元、几天时间就可以完成以前需要数万美元、数月时间才能完成的任务。

5.1.2　物联网发展历程和现状

1. 云计算服务发展历程

　　虽然自 20 世纪 90 年代以来，云计算服务已经经历了二十多年的发展历程，但是云计算服务真正受到重视是在 2005 年 Amazon 推出的 AWS 服务中开始的，那时的产业界认识到亚马逊建立了一种新型 IT 服务模式。在此之后，谷歌、IBM、微软等互联网和 IT 企业分别从不同的角度开始提供不同层面的云计算服务，自此云服务步入了快速发展的阶段。而现在云服务正在逐步突破互联网市场的范畴，政府、公共管理部门、企业也开始接受云服务的理念，并开始将传统的自建 IT 方式转为使用公共云服务模式，云服务将真正进入其产业的成熟期。国际公共云服务发展历程如图 5.2 所示。

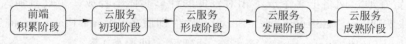

图 5.2　国际公共云服务发展历程

　　前端积累阶段：虚拟化、网络、分布式、并行等技术的成熟；云计算概念的形成；云服务的技术和概念的积累。

　　云服务初现阶段：1999 年 3 月 Salesforce 成立，成为最早初现的云服务，即 SaaS 服务。1999 年 9 月 LoudCloud 成立，成为最早的 LaaS 服务商。2005 年，亚马逊推出 AWS 服务。20 世纪初，SaaS/IaaS 云服务出现，并被市场所接受。

　　云服务形成阶段：2007 年，Salesforce 分布 Force.com，即 PaaS 服务。2008 年 4 月，谷歌推出 Google App Engine。云服务的 3 种形式全部出现，电信运营商、互联网企业纷纷推出云服务。

云服务发展阶段：目前处于这个阶段，云服务功能日趋完善、种类日趋多样。传统企业开始通过自身能力扩展、收购等模式，纷纷投入云服务之中。云服务开始高速成长。

云服务成熟阶段：通过深度竞争，逐渐形成主流平台产品和标准。产品功能比较健全、市场格局相对稳定。云服务进入成熟阶段，增速放缓。

公共云服务包括 3 类服务形式，即基础设施即服务(IaaS)、平台即服务(Paas)和软件即服务(SaaS)。

基础设施及服务：IaaS 是基础设施类的服务，将成为未来互联网和信息产业发展的重要基石。互联网乃至其他云计算服务的部署和应用将促进 IaaS 的需求增长，进而促进 IaaS 的发展；同时，大数据对海量数据存储和计算的需求，也会带动 IaaS 的迅速发展。IaaS 也是一种"重资产"的服务模式，需要较大的基础设施投入和长期运营经验的积累，单纯出租资源的 IaaS 服务盈利能力比较有限。

平台即服务：PaaS 服务被誉为未来互联网的"操作系统"，也是当前云计算技术和应用创新最活跃的领域，与 IaaS 服务相比，PaaS 服务对应用开发者来说将形成更强的业务黏性，因此 PaaS 服务的重点并不在于直接的经济效益，而更着重于构建和形成紧密的产业生态。

软件及服务：SaaS 服务是发展最为成熟的一类云服务。传统软件产业以售卖副本为主要商业模式，SaaS 服务采用 Web 技术和 SOA 架构，通过互联网向用户提供多租户、可定制的应用能力，大大缩短了软件产业的渠道链条，使得软件提供商从软件产品的生产者转变为应用服务的运营者。

2. 国内外产业现状及其特点分析

全球云计算市场快速稳定增长。2013 年全球云服务市场约为 1317 亿美元，年增长率为 18%。其中以 IaaS、PaaS 和 SaaS 为代表的典型云服务市场在 2013 年达到了 333.4 亿美元，增长率高达 29.7%。全球云服务市场如图 5.3 所示。

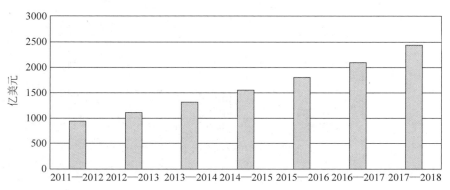

图 5.3　全球云服务市场

与全球云计算市场相比，我国公共云服务市场仍处于产业初级阶段，具有低能量、高增长的特点。2013 年我国公共云服务市场规模约 47.6 亿元，增速较 2012 年有所放缓，但仍达到 36%，远高于全球平均水平，处于快速增长阶段。中国云服务市场规模如图 5.4 所示。

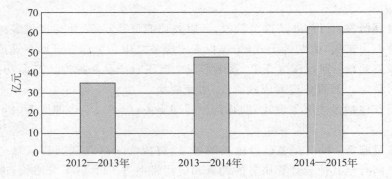

图 5.4　中国云服务市场规模

2013 年,欧美等发达国家占据了云服务市场的主导地位(75％以上),其中,美国、西欧分别占据了全球 50％和 23.5％的市场份额。虽然中国市场所占份额仅为 4％,但近几年一直呈上升态势。由于云计算市场发展受到国家信息化水平、经济发展水平、ITC 产业发展程度等条件的制约,未来几年全球市场格局不会有显著变化。2013 云服务市场份额如图 5.5 所示。

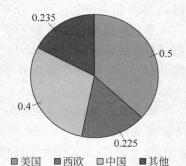

图 5.5　2013 年云服务市场份额

在国际云计算细分市场中,SaaS 规模仍然最大,IaaS 市场增长最快。2013 年,IaaS、PaaS 和 SaaS 的市场规模分别达到 91.7 亿美元、15.7 亿美元和 226 亿美元,SaaS 市场规模是 IaaS 和 PaaS 市场规模总和的 1 倍多;但从年增长率来看,则分别为 45.2％、28.8％、24.4％,IaaS 和 PaaS 的市场规模增速都超过 SaaS,预计未来几年这种情况还将延续。2013 年国际云计算市场细分如图 5.6 所示。

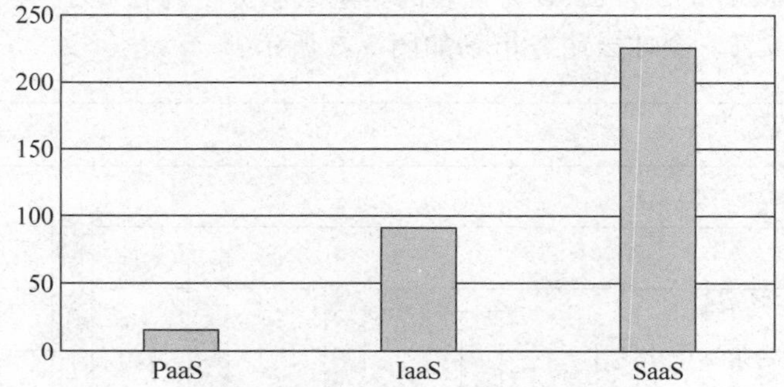

图 5.6　2013 年国际云计算市场细分

2013 年,我国的 IaaS 市场规模约为 10.5 亿元,增速达到 105％,显示出旺盛的生命力。IaaS 相关企业不仅在规模、数量上有了大幅提升,而且吸引了资本市场的关注,一些初始企业获得了千万美元级的融资。国内市场过去几年里,腾讯、百度等互联网巨头纷纷推出了各自的开发平台战略,新浪、SAE 等 PaaS 的先行者也在业务拓展上取得了显著的成效,在众多互联网巨头的介入和推动下,我国 PaaS 市场取得了迅速发展,2013 年市场规模增长近 20％,但由于目前国内 PaaS 服务仍处于吸引开发者和产业培育阶段,大部分 PaaS 服务都采用免费或者低收费的策略,因此整体市场规模并不大,估计约为 2.2 亿元。

无论国内还是全球,SaaS 一直是云计算领域最为成熟的细分市场,用户对于 SaaS 服务的接受程度也比较高。2013 年国内 SaaS 市场规模在 34.9 亿元左右,与 2012 年相比增长 24.3%。

在国内三大领域市场各具特色。在 IaaS 领域,"老牌"企业如阿里云仍然保持了领先的优势,但竞争者在不断增加,其中既有传统的电信运营商(中国电信公司、中国联通公司都成立了云计算业务运营实体);也有互联网企业,如京东公司等。还有众多的初创公司,UCloud、青云是其中的佼佼者;同时国际云计算巨头也为国内 IaaS 领域增加了新的竞争者。在 PaaS 领域,腾讯、百度等向开发者提供了开发平台服务,2013 年部分公司 SaaS 的云服务营业额超过了 1 亿元。

近年来国际云计算的发展具有鲜明的特色,普遍认为有以下特点:云服务成为 ICT 领域最具活力的增长点之一;云服务已成为互联网创新企业的重要孵化器;美国领跑全球云服务市场;价格战成为云计算巨头竞争的重要手段;安全担忧促进云保险的诞生;开源项目成为"事实标准"促进云计算技术发展和扩散。

我国云计算产业的发展,主要有以下特点。

(1) 用户对云计算认知和采用度逐步提高。2013 年,在对云计算 1328 家企业和用户进行的调查中,云计算的认知水平和应用程度比 2012 年调查有显著提高。其中,对云计算有一定了解的占受访企业的 95.5%;38% 的受访企业已有云计算应用,其中公共服务占 29.1%,私有云占 2.9%,混合云占 6%。在已有云计算应用的企业中,76.8% 的受访企业表示更多的业务开始向云计算迁移。

(2) 云主机、云存储等资源租用类服务仍是当前的主要应用形式。调查显示,当前用户使用率较高的仍是包括云主机、云存储、云邮箱等资源出租型应用。与 2012 年相比,云存储超过了云主机,成为用户采用率最高的服务种类,云分发服务在各类服务中的排名也有提升。在未来希望采用的云服务类别中,选择开发平台服务等 PaaS 类服务的比例较高,说明未来 PaaS 服务具有很大的发展空间。用户对公共云服务应用的需求如图 5.7 所示。

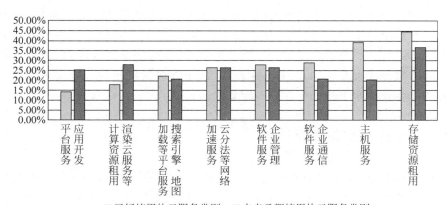

图 5.7 用户对公共云服务应用的需求

(3) 云计算在互联网中的基础性作用日趋突出。云计算已经成为我国互联网创新创业的基础平台。云计算对互联网业务的支撑能力显著提升,到 2013 年 9 月,阿里云上运行的服务器数量达到 1.8 万个,比上年增长了 500%,托管的域名数从 9 万个增长到 39 万个,其中活跃网站数从 2 万个增长到 15 万个。

(4) 主要云服务商技术研发方式变为"开源＋自研"。从目前国内主要云服务企业进行技术研发的实践来看,开源软件已经成为云计算技术的最重要来源,在开源社区版本的基础上,国内企业也根据自身的业务需求和应用场景进行了多方面的技术革新。

与传统开发方式相比,开源软件通过开源社区实现技术的更新与传播,技术资源丰富,获取相对容易,开发成本较低,也使企业摆脱了对商用软件的依赖。从这一点来说,充分利用开源软件有利于我国企业形成自有技术体系。但同时,开源软件也有其缺点:首先,一些开源许可证运行厂商在开源软件中包含技术专利的,如果不仔细查别,可能陷入新的知识产权风险;其次,开源软件社区是开发者自发构成的,组织形式不稳定,可能存在技术"断供"的风险,最后相对于成熟的且有保障的商业系统,开源系统的可靠性相对较低。

(5) 我国在云计算基础设备和云计算系统软件等方面取得突破性进展。传统上我国企业在核心、高端 IT 软硬件技术和产品方面与国外领先企业相比处于弱势地位。近年来,国内企业利用云计算技术革新和发展的契机在基础设备和云计算系统软件领域取得了可喜的突破。

在云计算基础设备方面,我国企业突破了 EB 级存储系统、亿级并发服务器系统等核心技术和产品。EB 级存储系统包括相关的软硬件技术,解决了超大规模存储系统中数据定位、存储设备故障或系统在线扩展中数据的重新分布、动态数据分布算法与数据迁移机制、高效率的容错策略等领域的核心技术问题。亿级并发任务服务器系统可以支持 32 节点以上,每节点 16 路 X86 或 64 路轻量级处理器的系统规模,计算节点采用万兆网络互联,支持每秒亿次以上的并发服务请求。

在 IT 基础设备的应用创新方面,国内企业也取得了众多成果。在云计算系统软件方面,我国互联网企业在虚拟化管理平台和大数据处理平台方面取得突破。但是,云服务企业的服务能力仍有待提高:我国公共云服务市场需求启动相对比较缓慢,这一方面与我国公共云服务市场潜力尚没有得到充分释放有直接关系,另一方面我国云服务企业的能力和水平难以满足市场期望也是一个重要原因。2013 年,"云计算发展和政策论坛"开展了"可信云服务认证"活动,对国内 10 家主要云服务企业超过 20 种公共云服务的 SLA 完整性、服务质量、服务水平等进行了分析和评估,从评估结果来看,虽然参评企业和服务通过整改和完善都达到了服务性能、质量的承诺和相关标准对于 SLA 的完整性要求,但国内云服务企业在服务可靠性、服务流程合理性、服务界面易用性、服务协议规范性等方面还存在一定的不足,与国际领先企业的水平相比尚存在一定差距。

5.1.3　云计算的关键技术

云计算的目标是以低成本的方式提供高可靠、高可用和规模可伸缩的个性化服务。为了达到目标,需要虚拟机技术、数据存储技术、数据管理技术、分布式编程与计算、虚拟资源的管理与调度、云计算的业务接口、云计算相关的安全技术等若干关键技术加以支持。

1. 虚拟机技术

虚拟机即服务器虚拟化是云计算底层架构的重要基石。在服务器虚拟化中,虚拟化软件需要实现对硬件的抽象,资源的分配、调度和管理,虚拟机与宿主操作系统及多个虚拟机间的隔离等功能,目前典型的实现(基本成为事实标准)有 Microsoft Hype-V 等。

2. 数据存储技术

云计算系统需要同时满足大量用户的需求,并行地为大量用户提供服务。因此,云计算的数据存储技术必须具有分布式、高吞吐率和高传输率的特点。目前数据存储技术主要有 Google 的 GFS 及 HDFS,目前这两种技术已经成为事实上的标准。

3. 数据管理技术

云计算的特点是对海量的数据存储、读取后进行大量的分析,如何提高数据的更新速率以及进一步提高随机读速率是未来的数据管理技术必须解决的问题。云计算的数据管理技术最著名的是谷歌的 BigTable 数据管理技术,同时 Hadoop 开发团队正在开发类似 BigTable 的开源数据管理模块。

4. 分布式编程与计算

为了使用户能更轻松地享受云计算带来的服务,让用户能利用该编程模型编写简单的程序来实现特定的目的,云计算上的编程模型必须十分简单,而且要保证后台复杂的并行执行和任务调度向用户和编程人员透明。当前各 IT 厂商提出的"云"计划的编程工具均基于 Map-reduce 的编程模型。

5. 虚拟资源的管理与调度

云计算区别于单机虚拟化技术的重要特征是通过整合物理资源形成资源池,并通过资源管理层实现对资源池中虚拟资源的调度。云计算的资源管理需要负载资源管理、任务管理、用户管理和安全管理等工作,实现节点故障的屏蔽、资源状况监视、用户任务调度及用户身份管理等多重功能。

6. 云计算的业务接口

为了方便用户业务由传统 IT 系统向云计算环境的迁移,云计算应对用户提供统一的业务接口。业务接口的统一不仅方便用户业务向云端转移,也会使用户业务在云与云之间的迁移更加容易。在云计算时代,SOA 架构和以 Web Service 为特征的业务模式仍是业务发展的主要路线。

7. 云计算相关的安全技术

云计算模式带来一系列的安全问题,包括用户隐私的保护、用户数据的备份、云计算基础设施的防护等,这些问题都需要强大的技术手段乃至法律手段去解决。目前云计算相关的安全技术主要包括可信访问控制、密文检索与处理、数据存在与可使用性证明、数据隐私保护、虚拟安全技术、云资源访问控制、可信云计算。云计算由于具有强大的处理能力、存储能力、带宽和极高的性价比,可以有效用于物联网应用与业务,也是应用层能提供众多服务的基础。它可以为各种不同的物联网应用提供统一的服务交付平台,可以为物联网应用提供海量的计算和存储资源,还可以提供统一的数据格式和数据处理办法。利用云计算大大简化了应用的交付过程,降低交付成本,并能提高处理效率。同时,物联网也将成为云计算最大的用户,促使云计算取得更大的商业成功。

5.1.4　云计算应用领域

云计算在中国主要行业的应用仅是"冰山一角",但随着本土化云计算技术产品、解决方案的不断成熟以及云计算理念的迅速推广和普及,云计算必将成为未来中国重要行业领域的主流 IT 应用模式,为重点行业用户的信息化建设与 IT 运行与维护管理工作奠定核心基础。

1. 医药医疗领域

医药企业与医疗单位一直是国内信息化水平较高的行业用户,在"新医改"政策推动下,医疗企业与医疗单位将对自身信息化体系进行优化升级,以适应医改业务调整要求,在此影响下,以"云信息平台"为核心的信息化集中应用模式将孕育而生,逐步取代各系统分散为主体的应用模式,进而提高医疗企业的内部信息共享能力与医疗信息公共平台的整体服务能力。

2. 制造领域

随着"后金融危机时代"的到来,制造企业的竞争日趋激烈,企业在不断进行产品创新、管理改进的同时,也在大力开展内部供应链优化与外部供应链整合工作。进而降低运营成本和缩短产品研发生产周期,未来云计算在制造企业供应链信息化建设方面得到广泛应用,特别是通过对各类业务的有机整合,形成企业云供应链信息平台,加速企业内部"研发—采购—生产—库存—销售"信息一体化进程,进而提高企业竞争实力。

3. 金融与能源领域

金融和能源企业一直是国内信息化建设的"领军"性行业用户,中石化、中保、农行等企业信息化建设都已进入"IT 资源整合阶段",在此期间,需要利用"云计算"模式,搭建基于 IaaS 的物理集合平台,对各类服务器基础设施应用进行集成,形成能够高度复用与统一管理的 IT 资源池,对外提供统一硬件资源服务,同时在信息系统整合方面,需要建立基于 PaaS 的系统整合平台,实现各异构系统间的互联互通。因此,云计算模式将成为金融、能源等大型企业信息化整合的"关键武器"。

4. 云计算在电子政务中的应用

我国电子政务建设已取得了明显的成效。电子政务网络和政府网站覆盖面不断提高,截至 2013 年 6 月底,国家政务外网省级、地级和县级覆盖率分别达到了 100%、93.9% 和 81%,85% 以上的县级地方已经开展了电子政府建设,主要部门核心业务电子政府覆盖率快速提升,电子政务应用已经跨过了起步阶段,但各地电子政务建设中的重复投资、网络分割、信息孤岛等问题仍很突出,根据 2013 年的调查,我国省级政府平均拥有 50 个独立数据中心机房,副省级平均 17 个,地级市平均 12 个,县级平均 6 个。

为解决我国电子政务建设中存在的以上问题,引导我国电子政务向基于云计算的新一代电子政务公共平台方向发展,工信部信息化推进司开展了"基于云计算的电子政务公共平台"顶层设计、标准研制、试点示范等一系列工作。希望通过制定统一的标准,开展电子政务公共平台顶层设计等方式,推动各地电子政务建设进入集中化、共享化、服务化、标准化的新阶段,充分发挥云计算在电子政务建设中的基础支撑作用。

5. 教育科研领域

未来,云计算将为高校与科研单位提供实效化的研发平台。云计算应用已经在清华大学、中国科学院等单位得到了初步应用,并取得了很好的应用效果。云计算将在我国高校与科研领域得到广泛的应用和普及,各大高校将根据自身研究领域与技术需求建立云计算平台,并对原来各下属研究所的服务器与存储资源加以有机整合,提供高效可复用的云计算平台,为科研与教学工作提供强大的计算机资源,进而大大提高研发工作效率。

5.2 大数据技术

近年来人们更加感受到大数据的来势迅猛。一方面,网民的数量不断增加;另一方面,以物联网和家电为代表的联网设备数量增长更快。

互联网特别是移动互联网的发展,加快了信息化向社会经济各方面、大众日常生活的渗透。我国网民数居世界之首,每天产生的数据量也位于世界前列。总之,大数据存在于各行各业,一个大数据时代正在到来。

5.2.1 大数据概念探讨

大数据的应用和技术是在互联网快速发展中诞生的,起点可追溯到 2000 年前后。当时互联网网页爆发式增长,每天新增约 700 万个网页,到 2000 年年底全球网页数达到 40 亿页,用户检索信息越来越不方便。谷歌等公司率先建立了覆盖数十亿页的索引库,提供较为精确的搜索服务,极大提升了人们使用互联网的效率。搜索引擎要存储和处理的数据,数据不仅数量大前所未有,而且以非结构化数据为主,传统技术无法应对这些数据。为此,谷歌提出了一套以分布式为特征的全新技术体系,即后来陆续公开的分布式文件系统、分布式并行计算和分布式数据库等技术,并以较低的成本实现了之前技术无法达到的规模。这些技术奠定了当前大数据技术的基础,可以认为是大数据技术的源头。

伴随着互联网产业的崛起,这种创新的海量数据处理技术在电子商务、定向广告、智能推荐、社交网络等方面得到应用并取得巨大的商业成功。这启发全社会开始重新审视数据的巨大价值,于是金融、电信等拥有大量数据的行业开始尝试这种新的理念和技术,取得初步成效。与此同时,业界也在不断对谷歌提出的技术体系进行扩展,使之能在更多的场景下使用。

虽然大数据已经成为全社会热议的话题,但到目前为止,"大数据"尚无公认的统一定义。认识大数据,要把握"资源、技术、应用"3 个层次。大数据是具有体积大、结构多样、时效性强等特征的数据;处理大数据需采用新型计算架构和智能算法等新技术;大数据的应用强调以新的理念应用于辅助决策、发现新的知识,更强调在线闭环的业务流程优化。"大数据"是一个涵盖多种技术的概念,简单地说,是指无法在一定时间内用常规软件工具对其内容进行获取、管理和处理的数据集合。

目前将"大数据"的特点可以用 4 个 V 来概括,即大量化(Volume)、多样化(Variety)、快速化(Velocity)及由此产生的价值(Value)。

大量化:大数据通常指 10TB 规模以上的数据量。之所以产生如此巨大的数据量:一是由于各种仪器的使用,使我们能够感知更多的事物,这些事物的部分甚至全部数据可以被存储;二是由于通信工具的使用,使人们能够全时段地联系,机器—机器(M-M)方式的出现,使得交流的数据量成倍增长;三是由于集成电路价格降低,使很多东西都有了智能的成分。

多样化:随着传感器种类的增多以及智能设备、社交网络等的流行,数据类型也变得更加复杂,不仅包括传统的关系数据类型,也包括以网页、视频、音频、邮箱、文档等形式存在的未加工的、半结构化的和非结构化的数据。

快速化:通常理解的是数据的获取、存储以及挖掘有效信息的速度,但我们现在处理的数据是 PB 级代替了 TB 级,考虑到"超大规模"和"海量数据"也有规模大的特点,强调数据是快速动态变化的,形成流式数据是大数据的重要特征,数据流动的速度快到难以用传统的系统去处理。

价值密度低:数据量呈指数增长的同时,隐藏在海量数据的有用信息却没有相应按比例增长,反而使获取有用信息的难度加大。

大数据的"4V"特征表明其不仅仅是数据海量,对于大数据的分析将更加复杂、更追求速度、更注重实效。

"大数据"是需要新处理模式才能具有更强的决策力、洞察发现力和流程优化能力的海量、高增长率和多样化的信息资产。大数据技术的战略意义不在于掌握庞大的数据信息,而在于对这些有意义的数据进行专业化处理。换言之,如果把大数据比作一种产业,那么这种产业实现盈利的关键在于提高对数据的"加工能力",并通过"加工能力"实现数据的"增值"。

5.2.2　大数据发展历程和现状

"大数据"这个术语最早期的引用可追溯到 Apache Org 的开源项目 Nutch。当时,大数据用来描述为更新网络搜索索引需要同时进行批量处理或者分析的大量数据集。现在,大数据不仅用来描述大量的数据,还涵盖了处理数据的速度。

大数据曾经被称为"第三次浪潮的华彩乐章"。不过,从 20 世纪 90 年代开始,"163 大数据"才成为互联网信息技术行业的流行词汇。互联网上的数据每年增长 50%,每两年翻一倍。1989 年在美国底特律召开的第 11 届国际人工智能联合会议专题讨论会上,第一次提出了"数据库中的知识发现"的概念。1995 年召开了第一届知识发现与数据挖掘国际学术会议,1998 年在美国举行了第四届知识发现与数据挖掘国际学术会议。事实上,经济利益成为主要的推动力,一些跨国巨头如亚马逊、谷歌等也因大数据技术的发展而更加具有竞争力。仅 2009 年,谷歌公司通过大数据业务对美国经济贡献 540 亿美元。IBM 投资 160 亿美元进行 30 多次与大数据相关的收购。2012 年,IBM 公司股价每股突破 200 美元大关,2011 年,Facebook 公司首次公开新数据处理平台 PUMA,通过对数据多处理环节区分优化,效率提高了数万倍。

2012 年 3 月,奥巴马政府公布"大数据研发计划",旨在提高和改进人们从海量、复杂的数据中获取知识的能力,发展收集、存储、保留、管理、分析和共享海量数据所需要的核心技术,大数据成为继集成电路和互联网之后信息科技关注的重点。

近几年来,为推进我国物联网、云计算和大数据产业的加速发展,我国的数据中心产业进入了大规模的规划建设阶段。在规模方面,规划建设的 255 个数据中心中,超大型数据中心有 23 个,大型数据中心有 42 个,中小型数据中心有 190 个。在投产方面,255 个数据中心的总设计服务器规模约 728 万台,实际投产服务器数约 57 万台。在布局方面,255 个数据中心分布在 26 个省、自治区、直辖市,65 个超大型、大型数据中心中,一半以上位于或靠近能源充足、气候严寒的地区,12 个是以灾备为主要应用。在能效方面,255 个数据中心中近 90% 的设计 PUE 低于 2.0,平均 PUE 为 1.73。超大型、大型数据中心设计 PUE 平均为 1.48,中小型数据中心设计 PUE 平均为 1.80。另外,一些老旧数据中心通过采用先进制冷节能技术改造,PUE 降到 2.0 以下。

5.2.3　大数据关键技术

大数据来源于互联网、企业系统和物联网等信息系统,经过大数据处理系统的分析挖掘,产生新的知识用以支撑决策或业务的自动智能化运转。从数据在信息系统中的生命周期看,大数据从数据源经过分析挖掘到最终获得价值一般需要经过 5 个主要环节,包括数据准备、数据存储与管理、计算处理、数据分析和知识展现。大数据技术框架如图 5.8 所示。每个环节都面临不同程度技术上的挑战。

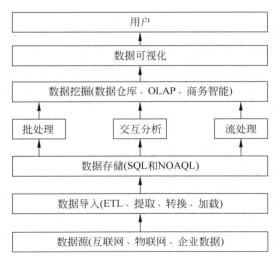

图 5.8　大数据技术框架

（1）数据准备环节。在进行存储和处理之前，需要对数据进行清洗、整理，传统数据处理体系中称为 ETL 过程。与以往数据分析相比，大数据的来源多种多样，包括企业内部数据库、互联网数据和物联网数据，不仅数量庞大、格式不一，而且质量也有好有坏。这就要求数据准备环节，一方面要规范格式，便于后续存储处理；另一方面要在尽可能保留原有语义的情况下消除噪声。

（2）数据存储与管理环节。当前全球数据量正以每年超过 50% 的速度增长，存储技术的成本和性能面临非常大的压力。大数据存储系统不仅需要以极低的成本存储海量数据，还要适应多样化的非结构化数据管理需求，具备数据格式上的可扩展性。

（3）计算处理环节。需要根据处理的数据类型和分析目标，采用适当的算法模型快速处理数据。海量数据处理要消耗大量的计算资源，对于传统单机或并行计算技术来说，速度、可扩展性和成本上都难以适应大数据分析的新需求。分而久之的分布式计算成为大数据的主流计算构架，但在一些特定场景下的实时性还需要大幅提升。

（4）数据分析环节。数据分析环节需要从纷繁复杂的数据中发现规律提取新的知识，是大数据价值挖掘的关键。传统数据挖掘对象多是结构化、多源异构的大数据集的分析，往往缺乏先验知识，很难建立显式的数学模型，这就需要发展更加智能的数据挖掘技术。

（5）知识展现环节。在大数据服务于决策支撑场景下，以直观的方式将分析结果呈现给用户，是大数据分析的重要环节。如何让复杂的分析结果易于理解是主要挑战。在嵌入多业务中的闭环大数据应用中，一般由机器根据算法直接应用分析结果而无须人工干预，这种场景下知识展现环节不是必需的。

总的看来，大数据对数据准备环节和知识展现环节来说只是量的变化，并不需要根本性的变革。但大数据对数据分析、计算和存储 3 个环节影响较大，需要对技术架构和算法进行重构，是当前和未来一段时间大数据创新的焦点。

5.2.4　大数据应用领域

大数据的价值体现在大数据的应用上，人们关心大数据，最终是关心大数据的应用，关心如何从业务和应用出发让大数据真正体现其所蕴含的价值，从而为生产生活带来有益的改变。对"大数据应用"，不同行业和不同应用者理解不同。整体而言，全球的大数据应用处于发展初期，中国大数据应用也刚刚起步。目前，大数据应用在各行各业的发展呈现"阶梯式"格局：互联网行业是大数据应用的领跑者，金融、零售、电信、公共管理、医疗卫生等领域积极尝试大数据。

互联网是大数据应用的发源地，大型互联网企业是当前大数据应用的领跑者。搜索引擎作为最早的互联网大数据应用，其不断的发展推动谷歌在 2000 年左右推出 MapReduce 技术，从此开启了大数据技术的新篇章。经过 10 多年的发展，互联网形成了多种相对成熟的大数据应用模式，按照用途可以分为以下 3 类。

（1）商业大数据应用，即主要以盈利为目的的大数据应用。目前常见的应用有以下几个。

① 基于用户个人信息、行为、位置、微博等数据而进行的个性化推荐、交叉推荐、品牌检测等营销类大数据应用。由于其商业模式清晰可见，市场需求广泛旺盛，因此这是目前互联

网上最热门、最普遍的应用,被互联网广告、电子商务、微博、视频、相亲等公司普遍采用。

②　基于用户、商铺的交易数据而进行的经营分析报告、反欺诈、反虚拟交易、促销和团购选品、产业集聚判断等交易辅助大数据应用,这些应用目前已经逐渐成为电子商务企业的必备工具。

③　利用网站动态数据对网络状态进行实时监控预警、网站分析优化和网络信息安全保护的网络安全大数据应用。

(2) 公共服务类大数据应用,即不以盈利为目的、侧重于为社会公众提供服务的大数据应用。国内有搜索引擎公司提供如春运客流分析、失踪儿童收寻的公益大数据服务。

(3) 技术研发类大数据应用,即利用大数据技术促进前沿技术研发、持续改进产品性能的应用。互联网应用在新版本的研发中,常常进行 A/B 测试就是大数据在产品开发中的典型应用,在无人汽车等前沿技术的研发中也广泛应用了大数据技术。

5.3　移动互联网技术

由于近几年手机软硬件技术的突破,移动互联网从最开始的概念落地成为寻常老百姓也能接触到的实物。可以从全球移动互联网数据到中国移动互联网的数据来感受它的市场潜在爆发力。来自工信部电信研究院的数据显示,达到 PC 的 3 倍。同样,中国互联网网络信息中心 2014 年 7 月发布了《第 34 次中国互联网网络发展状况统计表》中的数据显示,截至 2014 年 6 月我国 5.27 亿人通过手机上网,手机上网比例达到 83.4%。

5.3.1　移动互联网概念及影响

移动互联网的定义有广义和狭义之分。广义的移动互联网是指用户可以使用手机、笔记本电脑等移动终端通过协议接入互联网,狭义的移动互联网是指用户使用手机终端通过无线通信的方式访问 WAP 的网站。

移动互联网的实时性和便利性很高,只要拿起手机、动动手指、就可以获得任何想要的实时信息,包括查询资料、下载电影、抢拍商品、订购机票、股市监测、在线交易等,让传统互联网望尘莫及。

智能手机和 iPad 是移动互联网最主要的移动终端。根据中国互联网络信息中心得知,手机网民规模已经超过了传统 PC 网民规模。现在,手机网民在网民中的占比已经处于相当高位,未来一段时间我国手机网民增长将主要依靠创新类移动应用迎合非手机网民潜在网络上的需求来拉动。中国手机网民规模及其网民比例分别如图 5.9 和图 5.10 所示。

传统互联网与移动互联网之间既有共同点也存在差异,但总的趋势将是逐渐融合。移动互联网已经被业界公认为是未来移动通信产业发展的主流方向。移动互联网是移动通信和互联网的融合,但移动互联网不等同于"移动网+互联网",这是因为移动互联网的自身特点会对传统互联网的应用形式带来很大的改变。移动终端的位置移动性可以直接催生出多种基于位置的应用,由于移动终端体积小、处理能力弱、对无线通信有限制等特点,使得传统互联网的内容和应用形式必须要适应移动互联网的发展要求。

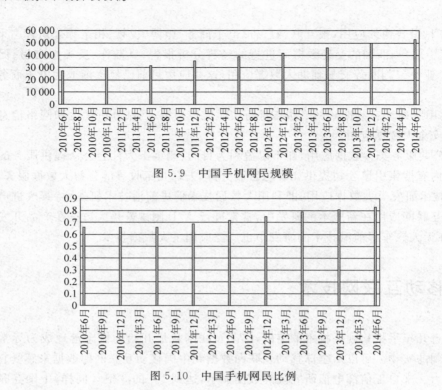

图 5.9 中国手机网民规模

图 5.10 中国手机网民比例

5.3.2 移动互联网的发展历程及现状

移动互联网现在是家喻户晓,但是它的发展历程却鲜为人知。中国的移动互联网时代要从 2001 年说起。2011 年 11 月,中国移动开启"移动梦园"创业计划,标志着中国移动互联网的开始。2004 年 3 月,TOM 在线在香港交易所上市。2007 年开始,互联网及终端企业相继独立开展移动互联网业务。

2007 年,美国终端 iPhone 开始推出;受苹果公司影响,Google 公司宣布推出 Linux 的安卓系统,并于同年 9 月推出 Google 手机。同年 4 月,Nokia 宣布转型为移动互联网服务商。众多厂商的加入迅速扩大了市场和用户规模,提升了智能终端的产业价值。2008 年,苹果公司宣布开放基于 iPhone 的软件应用商店 App Store,向 iPhone 的用户提供第三方的应用软件服务,这个将网络与手机相融合的经营模式是移动互联网划时代的创新商业模式,取得了巨大成就。

据易观智库数据统计显示,2008 年中国移动互联网市场规模达到了 388 亿人,用户数据突破 2 亿人大关,达到 20514 万人。2008 年,中国电信运营商重组,拆分中国联通,将联通现有的 CDMA 网和 GSM 网分离,CSMA 网并入中国电信,整合 GSM 网和中国网通成立新联通,中国联通并入中国移动,至此,5 家并为 3 家。2011 年 3 月,3G 牌照发放,三家运营商均取得 3G 牌照。2011 年开始,腾讯创立"腾讯产业共赢基金",全线出击互联网及移动互联网。2011 年 3 月"十二五"规划明确指出,加快中国"大互联网"时代进程,这一年也是中国移动互联网产业投资历年新高。

工信部 2013 年 12 月 4 日正式向中国移动、中国电信、中国联通颁发了 3 张 TD-LTE 制式的 4G 牌照,意味着中国正式进入 4G 时代。

第6章
CHAPTER 6
物联网关联辅助技术

6.1 GIS 技术

6.1.1 GIS 的基本概念和特点

地理信息系统(GIS)有时又称为"地学信息系统"。它是以采集、存储、管理、运算、分析、显示和描述整个或部分地球表面与空间和地理分布有关数据的计算机空间信息系统。GIS 是一种基于计算机的工具,它可以对空间信息进行分析和处理。GIS 技术把地图这种独特的视觉化效果和地理分析功能与一般的数据库操作集成在一起。

GIS 系统的主要特点有以下几个。

(1) GIS 的操作对象是空间数据。空间数据包括地理数据、属性数据、几何数据。GIS 对空间数据的管理与操作是 GIS 区别于其他信息系统的根本标志,也是技术难点之一。

(2) GIS 的技术优势在于它的空间分析能力。GIS 独特的地理空间分析能力、快速的空间定位搜索和复杂的查询功能、强大的图形处理和表达、空间模拟和空间决策支持等,可获取常规方法难以获取的重要信息,这是 GIS 的重要贡献。

(3) GIS 与地理学、测绘学联系紧密。地理学是 GIS 的理论依托,为 GIS 提供有关空间分析的基本观点和方法。测绘学为 GIS 提供各种定位数据,其理论和算法可直接用于空间数据的变换和处理。

6.1.2 GIS 的发展现状

我国地理信息产业起步较晚,但发展非常快,近年来整个产值规模一直保持年均 20% 以上的增速。国务院出台《国务院关于促进地理信息产业发展的意见》,明确地将地理信息产业纳入战略新兴产业范畴,由此上升为国家战略。这就意味着将从国际战略的高度研究扶持和推动地理信息产业发展的具体政策措施,重点工作经费保障明显提升。

目前我国地理信息产业持续快速增长,一是技术突飞猛进。地理信息技术的迅速发展已成为地理信息产业的重要特征。二是规模不断扩大。产业从业单位已有 2.3 万多家,从业人员超过 40 万人。2010 年我国 GIS 产业年产值为 1000 亿元,2011 年达到 1500 亿元,2012 年接近 200 亿元,2013 年达到 2600 亿元,增长率稳超 30%。增长率稳超 20%,到 2020

年有望突破万亿元大关。三是服务日益扩展,服务的内容、服务领域、方式都发生了深刻变革,服务全方位扩展已成为显著特征,四是结构不断优化,产业融资渠道逐步多元化,企业重组步伐加快,产业组织结构不断优化。

GIS 行业产品链如图 6.1 所示,其中居于核心地位的是 GIS 基础平台,是其他行业应用的基础;GIS 应用平台是基于基础平台在各个行业的应用系统,主要面向增值开发商;最终面向用户的是 GIS 企业定制应用系统和消费者个人应用系统。

图 6.1　GIS 行业产品链

GIS 基础平台软件是跨行业通用的核心平台软件。GIS 基础平台软件是应用平台软件和项目开发服务中的开发平台和操作平台,是整个 GIS 软件产业的核心和制高点,有非常高的技术含量和专业门槛。国内 GIS 基础平台软件的市场集中度较高。我国 GIS 市场主要有以下两类企业:一是国际 GIS 软件巨头,主要代表是美国环境系统研究所和美国 MapInfo 公司,其实力强大、技术先进,它们定位于 GIS 基础平台软件市场,具体所占份额如图 6.2 所示;二是具有自主创新能力和知识产权的国内 GIS 软件开发企业,主要代表有超图软件、武汉中地、武大吉奥等公司。

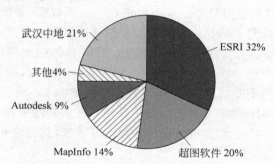

图 6.2　我国 GIS 基础软件平台市场份额

GIS 应用平台软件是针对某个行业或几个相似行业的需求,基于 GIS 基础平台软件开发的在该行业内各用户单位可通用的软件产品。增值商销售 GIS 应用平台软件时,需要向 GIS 基础平台软件厂商支付 GIS 基础平台软件许可费或让最终用户零星采购 GIS 基础软件平台软件。目前国内开发商较多,竞争较为激烈。国内具有代表性的公司有中国测绘科学研究院开发并用于数字城市建设的 NEWMAP 软件、北京吉威数源公司的地理信息处理软件、北京数字政通公司的城管地理信息系统、北京苍穹数码测绘公司的国土数据处理系统等。

GIS 开发服务是指在 GIS 基础平台软件或者 GIS 应用平台软件基础之上,针对某个客户的某个项目的具体需求而进行的定制开发服务。GIS 技术开发服务通常以承接用户的技术开发项目的方式进行。其应用范围广,产品价格高,市场前景最为广阔。随着应用广度和深度的扩展,市场规模不断扩大,形成了以政府需求为主导、企业需求悄然兴起的繁荣市场。其发展随着应用领域的不断扩展而呈现高速增长。GIS 产业化进程还需要加快,支撑学科长久永续发展,发展核心业务,扩展其应用领域,加快产学研成果转换。应该说地理信息产业属于地理产业,但由于地理信息学科的交叉性,同时也属于测绘产业和信息产业。地理信息产业中,如地理空间数据分析、建模偏向于地理产业;地图数据测绘、摇杆测绘、地图制图等偏向于测绘产业;地理信息平台开发、二次开发等偏向于信息产业。

6.1.3　GIS 的关键技术

1. 嵌入式技术

移动 GIS 的无线终端是一种嵌入式系统,具有代表性的嵌入式无线终端设备包括掌上电脑、PDA 和手机等。嵌入式系统是以应用为中心的专用计算机系统,它的软硬件可以根据应用需要进行裁剪。嵌入式 Java 技术是移动终端中比较常用的一种开发技术,其主要开发工具是 Sun 公司推出的 Java 2 Micro Edition(J2ME)。

2. 无线网络技术

无线网络技术摆脱了线缆约束,真正实现了随时随地无线接入。在移动通信领域,无线接入技术可以分为两类:一类是基于数字蜂窝移动电话网络的接入技术,目前已有 CDMA、GPRS、GSM、TDMA、CDPD、EPGE 等多种无线承载网络;另一类是基于局域网的接入技术,如蓝牙、无线局域网等技术。

3. 分布式空间数据管理技术

分布式空间数据库系统是移动 GIS 体系结构中的关键技术之一,它是指在物理上分布逻辑集中的分布式结构。由于移动用户的位置是不断变化的,需要的信息多种多样,因此任何单一的数据源都无法满足要求,必须有地理上分布的各种数据源,借助现有的分布式处理技术,为多用户并发访问提供支持。

4. 移动数据库技术

移动数据库是指移动环境的分布式数据库,是分布式数据库的延伸和发展。移动数据库要求支持用户在多种网络条件下都能够有效地访问,完成移动查询和事务办理。利用数据库复制/缓存技术或数据广播技术,移动用户即使在断接的情况下也可以访问所需的数据,从而继续自己的工作。其中的时态空间数据库技术是移动 GIS 的关键。移动数据库技术的研究主要涉及 5 个方面,即移动数据库复制/缓存技术、移动查询技术、数据广播技术、移动事务处理技术、移动数据库安全技术。

5. 卫星导航定位系统

GNSS 定位技术已应用在各行业,如休闲车载导航终端、高精度测量、国民经济各行业数据采集等。全球各国家地区开始建立 CORS 以及区域增强系统,利用差分技术,精度可以达到亚米乃至厘米级。不同厂家对芯片的研发与处理技术不同,会造成性能的不同。

6. 其他编码技术

(1) 地理编码。在移动空间定位、监控、车辆导航等实际应用中,我国部分城市地址较为混乱,使得地理编码较为复杂,需采用一定的技术支持智能模式匹配,即使原字符串地址部分拼错也可相应纠正。

(2) 最佳路径搜索技术。在移动定位中,除地理编码外,另一个常用功能是最佳路径的搜索,如从住所所在地到上班地点最佳行车路线等,可以地图的形式或文字描述的方式提供,并可根据城市交通情况实时生成最近最快路线。

6.1.4　GIS 的应用领域

地理信息系统在最近的 30 多年内取得了惊人的发展,广泛应用于资源调查、环境评估、灾害预测、国土管理、城市规划、邮电通信、交通运输、军事公安、水利电力、公共设施管理、农林牧业、统计、商业金融等几乎所有领域。

以下地理信息系统的应用领域分别回答了在各自领域内的作用。

1. 资源管理(Resource Management)

资源管理主要应用于农业和林业领域,解决农业和林业领域各种资源(如土地、森林、草场)分布、分级、统计、制图等问题,主要回答“定位”和“模式”两类问题。

2. 资源配置(Resource Configuration)

在城市中各种公用设施、救灾减灾中物资的分配、全国范围内能源保障、粮食供应等机构在各地的配置等都是资源配置问题。GIS 在这类应用中的目标是保证资源的最合理配置和发挥最大效益。

3. 城市规划和管理(Urban Planning and Management)

空间规划是 GIS 的一个重要应用领域,城市规划和管理是其中的主要内容。例如,在大规模城市基础设施建设中如何保证绿地的比例和合理分布、如何保证学校、公共设施、运动场所、服务设施等能够有最大的服务面(城市资源配置问题)等。

4. 土地信息系统和地籍管理(Land Information System and Cadastral Application)

土地和地籍管理涉及土地使用性质变化、地块轮廓变化、地籍权属关系变化等许多内容,借助 GIS 技术可以高效、高质量地完成这些工作。

5. 生态、环境管理与模拟(Environmental Management and Modeling)

区域生态规划、环境现状评价、环境影响评价、污染物削减分配的决策支持、环境与区域可持续发展的决策支持、环保设施的管理、环境规划等。

6．应急响应（Emergency Response）

应急响应解决在发生洪水、战争、核事故等重大自然或人为灾害时，如何安排最佳的人员撤离路线，并配备相应的运输和保障设施的问题。

7．地学研究与应用（Application in GeoScience）

地形分析、流域分析、土地利用研究、经济地理研究、空间决策支持、空间统计分析、制图等都可以借助地理信息系统工具完成。ArcInfo 系统就是一个很好的地学分析应用软件系统。

8．商业与市场（Business and Marketing）

商业设施的建立充分考虑其市场潜力。例如，大型商场的建立如果不考虑其他商场的分布、待建区周围居民区的分布和人数，建成之后就可能无法达到预期的市场和服务面。有时甚至商场销售的品种和市场定位都必须与待建区的人口结构（年龄构成、性别构成、文化水平）、消费水平等结合起来考虑。地理信息系统的空间分析和数据库功能可以解决这些问题。房地产开发和销售过程中也可以利用 GIS 功能进行决策和分析。

9．基础设施管理（Facilities Management）

城市的地上地下基础设施（电信、自来水、道路交通、天然气管线、排污设施、电力设施等）广泛分布于城市的各个角落，且这些设施明显具有地理参照特征。它们的管理、统计、汇总都可以借助 GIS 完成，而且可以大大提高工作效率。

10．选址分析（Site Selecting Analysis）

根据区域地理环境的特点，综合考虑资源配置、市场潜力、交通条件、地形特征、环境影响等因素，在区域范围内选择最佳位置是 GIS 的一个典型应用领域，充分体现了 GIS 的空间分析功能。

11．网络分析（Network System Analysis）

建立交通网络、地下管线网络等的计算机模型，研究交通流量、进行交通规划、处理地下管线突发事件（爆管、断路）等应急处理。警务和医疗救护的路径优选、车辆导航等也是 GIS 网络分析应用的实例。

12．可视化应用（Visualization Application）

以数字地形模型为基础，建立城市、区域或大型建筑工程、著名风景名胜区的三维可视化模型，实现多角度浏览，可广泛应用于宣传、城市和区域规划、大型工程管理和仿真、旅游等领域。

13．分布式地理信息应用（Distributed Geographic Information Application）

随着网络和 Internet 技术的发展，运行于 Intranet 或 Internet 环境下的地理信息系统应用类型，其目标是实现地理信息的分布式存储和信息共享以及远程空间导航等。

6.2　RFID 技术

6.2.1　RFID 的基本概念和特点

射频识别(Radio Frequency Identification，RFID)是无线电频率识别的简称，即通过无线电波进行识别。RFID 技术是一种自动识别技术，它利用射频信号实现无接触信息传递，达到物体识别的目的。

RFID 技术不需要与被识别物体直接接触，即可完成信息的输入和处理，能快速、实时、准确地采集和处理信息，是 21 世纪十大重要技术之一。RFID 标签抗污损能力强、安全性高且容量大，RFID 可远距离同时识别多个标签。RFID 是物联网的基石。

6.2.2　RFID 的发展历程

RFID 的诞生源于战争的需要，第二次世界大战期间，英国空军首先在飞机上使用 RFID 技术，用来分辨敌方飞机和我方飞机。1948 年，Harry Stockman 发表的论文"用能量反射的方法进行通信"，是 RFID 理论发展的里程碑。20 世纪 50 年代是 RFID 技术的探索阶段。1961—1980 年间，RFID 技术变成了现实。20 世纪 60 年代是 RFID 技术应用的初始期，一些公司引入 RFID 技术，开发电子监控设备来保护财产、防止偷盗。例如，1 位的电子标签系统用于商场防盗。20 世纪 70 年代是 RFID 技术应用的发展期，RFID 技术成为人们研究的热门课题，出现了一系列 RFID 技术的研究成果。20 世纪 80 年代是 RFID 技术应用的成熟期，挪威使用了 RFID 电子收费系统，美国铁路用 RFID 系统识别车辆，欧洲用 RFID 电子标签跟踪野生动物对其进行研究。20 世纪 90 年代是 RFID 技术的推广期，发达国家配置了大量的 RFID 电子收费系统，并将 RFID 用于安全和控制系统。RFID 技术首先在美国的公路自动收费系统得到了广泛应用。社区和校园大门控制系统也开始使用 RFID 系统。沃尔玛的 100 个主要供应商 2005 年应用 RFID 电子标签，2006 年扩展到其他供应商，同时在欧洲实施，然后是剩下的其他海外区域。美国国防部认为，RFID 在集装箱联运跟踪和库存物资跟踪方面具有巨大的发展潜力。

6.2.3　RFID 的关键技术

(1) RFID 应用体系架构。例如，RFID 应用系统中各种软硬件和数据的接口技术及服务技术等。

(2) RFID 系统集成与数据管理。例如，RFID 与无线通信、传感网路、信息安全、工业控制等的集成技术，RFID 应用系统中间件技术，海量 RFID 信息资源的组织、存储、管理、转换、分发、数据处理和跨平台计算技术等。

(3) RFID 公共服务体系。提供支持 RFID 社会应用的基础服务体系的认证、注册、编码管理、多编码体系映射、编码解析、检索与跟踪等技术与服务。

(4) RFID 检测技术与规范。例如，面向不同行业应用的 RFID 标签及相关产品物理特性和功能一致检测技术与规范，标签与读写器空中接口一致性检测技术与规范，以及系统解决方案综合检测技术与规范等。

6.2.4 RFID 的应用领域

1. 应答器

在 RFID 系统中,识别信息存放在电子数据载体中,电子数据载体称为应答器。应答器中存放的识别信息由阅读器读出。

应答器由芯片及天线组成,附着在物体上标识目标对象,每个电子标签具有唯一的电子编码,存储着被识别物体的相关信息,包括以下内容。

① 应答器的主要性能参数。

② 工作频率。

③ 读写能力。编码调制方式。

④ 数据传输速率。

⑤ 信息存储容量。

⑥ 工作距离。

⑦ 多应答器识读能力(也称防碰撞或防冲突能力)。

⑧ 安全性能(密钥、认证)等。

2. 阅读器

阅读器不仅可以读出存放的信息,而且可以对其进行写入,读写过程是通过双方之间的无线通信来实现的。

阅读器(也称读写器或基站)是读取和写入电子标签内存信息的设备。阅读器又可以与计算机网络进行连接,计算机网络可以完成数据信息的存储、管理和控制。

阅读器是一种数据采集设备,其基本作用就是作为数据交换的一环,将前端电子标签所包含的信息传递给后端的计算机网络。

阅读器基本由射频模块、控制处理模块和天线三部分组成。阅读器通过天线与应答器进行无线通信,阅读器可以看成一个特殊的收发信机;同时,阅读器也是应答器与计算机网络的连接通道。

根据读写器外形和应用场合,读写器可以分为固定式读写器、OEM 模块式读写器、手持式读写器、工业读写器和读卡器等。

6.3 ZigBee 技术

6.3.1 ZigBee 的基本概念和特点

1. ZigBee 的基本概念

1) ZigBee 概述

ZigBee 是一种标准,该标准定义了短距离、低速率传输速率无线通信所需要的一系列通信协议,是一种基于 802.15.4 的物理层协议,支持自组网和多点中继,可实现网状拓扑的复杂的组网协议,加上其低功耗的特点,使得网络间的设备必须各司其职,有效地协同工作。基于 ZigBee 的无线网络所使用的工作频段为 868MHz、915MHz 和 2.4GHz,最大数据传输速率为 250Kb/s。

ZigBee 主要用于近距离的无线数据传输,能够实现多节点间的相互协调通信,功耗较低,以自组网多跳的方式进行数据传输,已被认为是比较适合无线传感器网络的通信协议。

2)ZigBee 和 IEEE 802.15.4 的关系

ZigBee 标准是在 IEEE 802.15.4 标准的基础上发展而来的。IEEE 802.15.4 是 IEEE 组织制定的低速率、无线个域网标准,定义了物理层和介质访问控制层。

ZigBee 联盟则制定协议中的网络层和应用层,主要负责实现组网、安全服务等功能以及一系列无线家庭、建筑等解决方案,负责提供兼容性认证,市场运作以及协议的发展延伸。这样就保证了消费者从不同提供商处购买到的 ZigBee 设备能兼容。

ZigBee 协议也在 OSI 参考的基础上,结合无线网络的特点,才有分层的思想实现。图 6.3 所示为 ZigBee 曲线网络各层示意图。

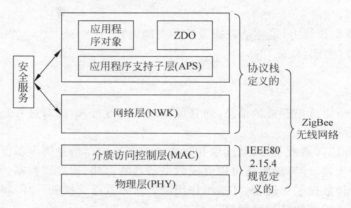

图 6.3   ZigBee 曲线网络各层示意图

ZigBee 无线网络共分为以下 4 层。

① 物理层(PHY)。

② 介质访问控制层(MAC)。

③ 网络层(NWK)。

④ 应用层(APL)。

IEEE 802.15.4 仅仅是定义了物理层和介质访问控制层的数据传输规范,而 ZigBee 协议定义了网络层、应用程序支持子层及其数据传输规范,这就是 ZigBee 无线网络。

3)IEEE 802.15.4 标准的主要特征

图 6.4 所示为 IEEE 802.15.4 标准的主要特征。

4)IEEE 802.15.4 标准的两种网络设备

IEEE 802.15.4 标准定义了两种网络设备,即全功能设备(FFD)和精简功能设备(RFD)。

与 RFD 相比,FFD 在硬件功能上比较完备。例如,FFD 采用主电源以保证充足的能耗,而 RFD 采用电池供电。在通信能力上,FFD 可以与所有其他 FFD 或 RFD 进行通信,而 RFD 智能和与其关联的 FFD 进行通信。与 RFD 相关联的 FFD 设备称为该 RFD 的协调器 (Coordinator)。在整个网络中,与一个 FFD 充当网络的协调器(PAN Coordinator)。网络协调器除直接参与应用外,还需要完成成员身份管理、链路状态信息管理以及分组转发等任务。

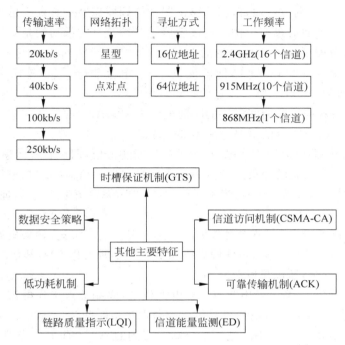

图 6.4　IEEE 802.15.4 标准的主要特征

2. ZigBee 的特点

ZigBee 技术具体有以下特点。

1) 高可靠性

对于无线通信而言,由于电磁波在传输过程中容易受很多因素的干扰,如障碍物的阻挡、天气状况等,因此,无线通信系统在数据传输过程中具有内在的不可靠性。无线控制系统作为无线通信的一个小分支,在数据传输过程中也具有不可靠性。

ZigBee 联盟在制定 ZigBee 规范时已经考虑到这种数据传输过程中的内在不确定性,采取了一些措施来提高数据传输的可靠性,主要包括:物理层兼容高可靠的短距离无线通信协议 IEEE 802.11.5,同时使用 OQPSK 和 DSSS 技术;使用 CSMA/CA(Carrier Sense Multiple Access with Collision Avoidance)技术来解决数据冲突问题;使用 16 位 CRC 来确保数据的正确性;使用带答应的数据传输方式来确保数据正确的传输目的地址;采用星形网络尽量保证数据可以沿着不同的传输路径从源地址到达目的地址。

2) 低成本、低功耗

ZigBee 技术可以应用于 8 位 MCU,目前 TI 公司推出的兼容 ZigBee 2007 协议的 SoC 芯片 CC2530 每片价格在 20～35 元(人民币),外接几个阻容器件构成的滤波电路和 PCB

天线即可实现网络节点的构建。

关于低功耗问题需要说明一下,ZigBee 网络中的设备主要分为 3 种。

① 协调器,主要负责无线网络的建立和维护。

② 路由器(Router),主要负责无线网络数据的路由。

③ 终端节点(End Device),主要负责无线网络数据的采集。

低功耗仅仅是对终端节点而言,因为路由器和协调器需要一直处于供电状态,只有终端节点可以定时休眠,下面通过一个例子向读者展示终端节点的低功耗是如何实现的。

一般情况下,市面上每节 5 号电池的电量为 1500mA·h,对于两节 5 号电池供电的终端节点而言,总电量为 3000mA·h,即电池以 1mA 电流放电,可以连续放电 3000h(理论值),如果放电电流为 100mA,则可以连续放电 30h。

① 终端节点在数据发送期间需要的时间电流为 29mA。

② 数据接收期间所需要的瞬时电流为 24mA。

再加上各种传感器所需的工作电流,为了讨论问题方便,假设各种传感器所需的工作电流为 30mA(这个工作电流已经很大了),那么数据发送期间所需要的总电流为 59mA,数据接收期间所需要的总电流为 54mA,为了讨论问题方便,总电流取 60mA,理论上两节 5 号电池可以供终端节点连续工作 50h。

但是,对应实际系统,终端节点对数据的采集一般是定时采集,如采集温度数据,由于温度变化减慢,所以可以定时采集,在此假设终端节点每小时工作 50s,其他时间都在休眠(休眠时工作电流在微安级,所以可以忽略不计)。

那么实际上情况是:系统采用两节 5 号电池供电,终端节点工作电流为 60mA,每小时工作 50s,可以计算出两节 5 号电池可以供终端节点工作时间为:3600h＝150 天,即大约半年时间,这也就是很多介绍 ZigBee 技术的书籍中提到的"对于 ZigBee 终端节点,使用两节 5 号电池供电,可以工作半年的时间"的理论依据。

3)高安全性

为了保证数据传输的安全性,可以使用 AES-128 加密技术,但是在初学阶段,安全性问题可以不予考虑。

4)低数据速率

无线控制系统对数据的可靠性和安全性、系统功耗和成本等方面有着特殊的要求,因此,目前的无线通信协议没有很好地满足这些特殊的要求。

6.3.2 ZigBee 的发展现状

2015 年 9 月 24 日上午,ZigBee 联盟论坛在上海新国际博览中心召开,就 ZigBee 技术应用相关问题展开了交流。此次论坛以"ZigBee,物联网时代的应用推动者"为主题,是一次探讨 ZigBee 技术在物联网领域发展和应用的重要活动,旨在为国内的 ZigBee 联盟成员及 ZigBee 技术使用者搭建一个对话沟通平台,以共同推动 ZigBee 应用的进一步发展,增强 ZigBee 技术在智能家居行业的竞争力,促进包括智慧社区、智能家居、智能穿戴、车联网等在内的物联网应用落地。

ZigBee 技术是一种近距离、低复杂度、低功耗、低速率、低成本的双向无线通信技术,主要适用于工农业传感控制系统、建筑物自动化设备,如温度自动调节装置、灯光控制设备、环境监测系统等。近年来,伴随着物联网行业向家庭的延伸,ZigBee 技术迅速扩展到消费领域,成为智能家居行业的一种主流通信技术,引起了越来越多互联网公司、家电厂商、通信运营商等的关注。

6.3.3　ZigBee 的关键技术

1. ZigBee 协议栈

1) ZigBee 协议栈的含义

协议定义的是一系列的通信标准,通信双方需要共同按照这一标准进行正常的数据收发;协议栈是协议的具体实现形式,通俗地理解为用户代码实现的函数库,以便于开发人员调用。

ZigBee 的协议分为两部分:IEEE 802.15.4 定义了物理层和 MAC 层技术规范;ZigBee 联盟定义了网络层、安全层和应用层技术规范。

注意:虽然协议是统一的,但是协议的具体实现形式是变化的,即不同厂商提供的协议栈是有区别的,使用 ZigBee 协议栈进行开发的基本思路可以概括为以下 3 点。

(1) 用户对于 ZigBee 无线网络的开发就简化为应用层的 C 语言程序开发,用户不需要深入研究复杂的 ZigBee 协议栈。

(2) ZigBee 无线传感器网络中数据采集,只需要用户在应用层加入传感器的读取函数即可。

(3) 如果考虑到节能,可以根据数据采集周期进行定时,定时时间到就唤醒 ZigBee 的终端节点,终端节点唤醒后自动采集传感器数据,然后将数据发送给路由器或者直接发给协调器。

2) 使用 ZigBee 协议栈

既然 ZigBee 协议栈已经实现了 ZigBee 协议,那么就可以使用协议栈提供的 API 进行应用程序的开发,在开发过程中完全不必关心 ZigBee 协议的具体实现细节,只需要关心一个核心的问题,即应用程序数据从哪里来到哪里去。

当用户应用程序需要进行数据通信时,需要按照以下步骤实现。

① 调用协议栈提供的组网函数、加入网络函数,实现网络的建立与节点的加入。

② 发送设备调用协议栈提供的无线数据发送函数,实现数据的发送。

③ 接收端调用协议栈提供的无线数据接收函数,实现数据的正确接收。

因此,使用协议栈进行应用程序开发时,不需要关心协议栈是具体怎么实现的,只需要知道协议栈提供的函数实现什么功能,会调用相应的函数来实现自己的应用要求即可。

在 TI 推出的 ZigBee 2007 协议栈(又称为 Z-Stack)中,数据发送函数如下:

```
afStatus_t AF_DataRequest(afAddrType_ t * dstAddr,
endPointDesc_t * srcEP
uintl6 cID,
uintl6 len,
uint8 * buf,
```

```
uint8 * translD,
uint8 options,
uintB radius)
```

用户调用该函数即可实现数据的无线发送。当然，在此函数中有 8 个参数，用户需要将每个参数的含义理解以后，才能达到熟练应用该函数进行无线数据通信的目的。

AF_DataRequest()函数中最核心的两个参数如下。

① uint16 len：发送数据的长度。

② uint8 * buf：指向存放发送数据的缓冲区的指针。

2. ZigBee 协议栈的构成

ZigBee 协议栈的实现方式采用分层的思想，分为物理层、介质访问控制层、网络层和应用层，应用层包含应用程序支持子层、应用程序框架层和 ZigBee 设备对象。在协议栈中，虽然上层实现的功能对下层来说是不知道的，但是上层可以调用下层提供的函数来实现某些功能。

物理层和介质访问控制层是由 IEEE 802.15.4 规范定义的，物理层负责将数据通过发射天线发送出去以及从天线接收数据；ZigBee 无线网络中的网络号、网络发现等概念是介质访问控制层的内容。此外，介质访问控制层还提供点对点通信的数据确认（Per-hop Acknowledgments）以及一些用于网络发现和网络形成的命令，但是介质访问控制层不支持多跳（Multi-hop）、网型网络（Mesh）等概念。

网络层主要是对网型网络提供支持，如在全网范围内发送广播包，为单播数据包选择路由，确保数据包能够可靠地从一个节点发送到另一个节点。此外，网络层还具有安全特性，用户可以自行选择所需的安全策略。

应用程序支持子层主要提供一些 API 函数供调用，此外，绑定表也是存储在应用程序支持子层。ZigBee 设备对象是运行在端口 0 的应用程序，主要提供了一些网络管理方面的函数。每个 ZigBee 设备都与一个特定类别（Profile）有关，可能是公共类别或私有类别。这些类别定义了设备的应用环境、设备类型以及用于设备间通信的丛集。公共类别可以确保不同供货商的设备在相同应用领域中的互通作业性。

设备是由类别定义的，并以应用对象的形式实现。每个应用对象透过一个端点连接到 ZigBee 堆栈的余下部分，它们都是可寻址的组件。从应用角度看，通信的本质就是端点到端点的连接。

端点之间的通信是透过称之为丛集的数据结构实现的。这些丛集是应用对象之间共享信息所需的全部属性的容器，在特殊应用中使用的丛集在类别中有定义。

每个接口都能接收（用于输入）或发送（用于输出）丛集格式的数据。一共有两个特殊的端点，即端点 0 和端点 255。端点 0 用于整个 ZigBee 设备的配置和管理。应用程序可以透过端点 0 与 ZigBee 堆栈的其他层通信，因而实现对这些层的初始化和配置。附属在端点 0 的对象被称为 ZigBee 设备对象（ZigBee Device Object，ZDO）。端点 255 用于向所有端点的广播。端点 241～254 是保留端点。

所有端点都使用应用支持子层提供的服务。应用支持子层透过网络层和安全服务提供层与端点相接，并为数据传送、安全和固定服务，因此能够适配不同但兼容的设备，如带灯的开关。

应用支持子层使用网络层提供的服务。网络层负责设备到设备的通信,并负责网络中设备初始化所包含的活动、消息路由和网络发现。应用层可以透过 ZigBee 设备对象对网络层参数进行配置和存取。

每个端口(Endpoint)都能用于收发数据,有以下两个端口较为特殊。

(1)端口 0。该端口用于整个 ZigBee 设备的配置和管理,用户应用程序可以通过端口 0 与 ZigBee 协议栈的应用程序支持子层、网络层进行通信,从而实现对这些层的初始化工作,在端口 0 上运行的应用程序称为 ZigBee 设备对象。

(2)端口 255。该端口用于向所有的端口广播。

在 ZigBee 协议栈中,各层之间进行数据传递是通过服务接入点(Service Access Point)来实现的。一般使用两种类型的服务接入点:一种用于数据传输的服务接入点;另一种用于管理的服务接入点。

3. ZigBee 协议栈 OSAL 介绍

ZigBee 协议栈包含了 ZigBee 协议所规定的基本功能,这些功能是以函数的形式实现的,为了便于管理这些函数集,从 ZigBee 2006 协议栈开始,ZigBee 协议栈内加入了实时操作系统,称为 OSAL(Operating System Abstraction Layer,操作系统抽象层)。

1) OSAL 常用术语

操作系统基本术语如下。

(1)资源(Resource)。任何任务所占用的实体都可以称为资源,如一个变量、数组、结构体等。

(2)共用资源(Shared Resource)。至少可以被两个任务使用的资源称为共享资源,为了防止共享资源被破坏,每个任务在操作共享资源时,必须保证是独占该资源。

(3)任务(Task)。一个任务又称为一个线程,是一个简单程序的执行过程。在任务执行过程中,可以认为 CPU 完全属于该任务。在任务设计时,需要将问题尽可能地分为多个任务,每个任务独立完成某种功能,同时被赋予一定的优先级,拥有自己的 CPU 寄存器和堆栈空间。一般将任务设计为一个无限循环。

(4)多任务运行(Muti-task Running)。实际上只有一个任务在运行,但是 CPU 可以使用任务调度策略将多个任务进行调度,每个任务在特定的时间执行,时间片到了以后,就进行任务切换,每个任务执行时间很短。

(5)内核(Kernel)。在多任务系统中,内核负责管理各个任务。主要包括:为每个任务分配 CPU 时间;任务调度;负责任务间的通信。内核提供的基本内核服务是任务切换。使用内核可以大大简化应用系统的程序设计方法,借助内核提供的任务切换功能,可以将应用程序分为不同的任务来实现。

(6)互斥(Mutual Exclusion)。多任务间通信最简单,常用的方法是使用共享数据结构。对于单片机系统,所有的任务都在单一的地址空间下,使用共享的数据结构包括全局变量、指针、缓冲区等。虽然共享数据结构的方法简单,但是必须保证对共享数据结构的写操作具有唯一性,以避免晶振和数据不同步。

保护共享资源最常用的方法有以下几个。

① 关中断。

② 使用测试并置位指令（T&S 指令）。

③ 禁止任务切换。

④ 使用信号量。

其中，将 ZigBee 协议栈内嵌入操作系统中，经常使用的方法是关中断。

（7）消息队列（Message Queue）。消息队列用于任务间传递消息，通常包含任务间同步的信息。通过内核提供的服务、任务或者中断服务程序将一条消息放入消息队列，然后，其他任务可以使用内核提供的服务从消息队列中获取属于自己的消息。

在 ZigBee 协议栈中，OSAL 主要提供以下功能。

① 任务注册、初始化和启动。

② 任务间的同步、互斥。

③ 中断处理。

④ 存储器分配和管理。

2）OSAL 的工作原理

ZigBee 协议栈与 ZigBee 协议之间并不能完全画等号。ZigBee 协议栈仅仅是 ZigBee 协议的具体实现，因此，存在于 ZigBee 协议栈中使用的 OSAL 并没有出现在 ZigBee 协议中。

在 ZigBee 协议中可以找到使用 OSAL 的某些根源。在基于 ZigBee 协议栈的应用程序开发过程中，用户只需要实现应用层的程序开发即可。应用程序框架中包含了最多 240 个应用程序对象，每个应用程序对象运行在不同的端口上，因此，需要一个机制来实现任务的切换、同步和互斥，这就是 OSAL 产生的根源。

因此，从上面的分析可以得出下面的结论：OSAL 就是一种支持多任务运行的系统资源分配机制。

OSAL 与标准的操作系统还是有一定的区别，OSAL 实现了类似操作系统的某些功能，但 OSAL 并不能称为真正意义上的操作系统。

因此，在 ZigBee 协议栈中，OSAL 负责调度各任务的运行，如果有事件发生了，则会调用相应的事件处理函数进行处理。OSAL 的工作原理示意图如图 6.5 所示。

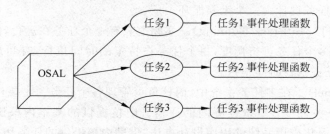

图 6.5 OSAL 的工作原理框图

ZigBee 中采用的方法是：建立一个事件表，保存各个任务的对应事件，建立另一个函数表，保存各个任务事件处理函数的地址，然后将这两张表建立某种对应关系，当某一事件发生时则查找函数表找到对应的事件处理函数即可。

在 ZigBee 协议栈中，有 3 个变量至关重要。

① taskCnt——该变量保存了任务的总个数。

该变量的声明为：uint8 taskCnt，其中 uint8 的定义如下：

```
typedef unsigned char uint8
```

② tasksEvent——这是一个指针,指向了事件表的首地址。

该变量的声明为:uint16 * tasksEvents,其中 uint16 的定义如下:

```
typedef unsigned short uint16
```

③ taskArr——这是一个数组,该数组的每一项都是一个函数指针,指向了事件处理函数。

该数组的声明为:pTaskEventHandlerFn tasksArr[ ]

其中 pTaskEventHandlerFn 的定义如下:

```
Typedef unsigned short ( * pTaskEventHandlerFn) (unsigned char task_id, unsigned short event)
```

这是定义了一个函数指针,也就是说数组里面存放的是函数。

因此,tasksArr 数组的每一项都是一个函数指针,指向了事件处理函数。

事件表和函数表的关系如图 6.6 所示。

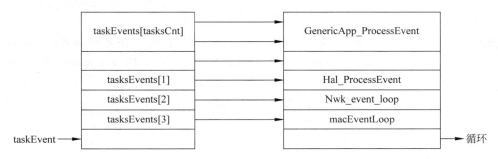

图 6.6　事件表和函数表的关系

OSAL 的工作原理:提供 tasksEvents 指针访问事件表的每一项,如果有事件发生,则查找函数表,找到事件处理函数进行处理,处理完后继续访问事件表,查看是否有事件发生,如此无限循环。

从这种意义上说,OSAL 是一种基于事件驱动的轮询式操作系统。事件驱动是指发生事件后采取相应的事件处理方法,轮询指的是不断地查看是否有事件发生。

3) OSAL 消息队列

事件是驱动任务去执行某些操作的条件,当系统中产生了一个事件,OSAL 将这个事件传递给相应的任务后,任务才能执行一个相应的操作。

通常某些事件发生时,又伴随着一些附加信息的产生。例如,从天线接收到数据后,会产生 AF_INCOMING_MSG_CMD 消息,但是任务的事件处理函数在处理这个事件的时候,还需要得到所收到的数据。

因此,这就需要将事件和数据封装成一个消息,将消息发送到消息队列,然后在事件处理函数中就可以使用 osal_msg_receive,从消息队列中得到该消息。下面的代码可以从消息队列中得到一个消息:

```
MSGpkt = (afIncomingMSGPacket_t * )osal_msg_receive(GenericApp_TaskID);
```

OSAL 维护了一个消息队列,每一个消息都会被放到这个消息队列中去,当任务接收到事件后,可以从消息队列中获取属于自己的消息,然后调用消息处理函数进行相应的处理即可。

OSAL 中消息队列如图 6.7 所示。

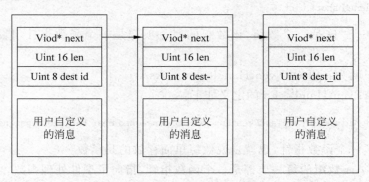

图 6.7 OSAL 中消息队列

4) OSAL 应用编程接口

既然 ZigBee 协议栈内嵌了操作系统来支持多任务运行,那么任务间同步、互斥等都需要相应的 API 来支持,下面讲解 OSAL 提供的 API(Application Programming Interface,应用编程接口)。

总体而言,OSAL 提供了以下 8 个方面的 API。

① 消息管理。

② 任务同步。

③ 时间管理。

④ 中断管理。

⑤ 任务管理。

⑥ 内存管理。

⑦ 电源管理。

⑧ 非易失性闪存管理。

下面选取部分典型的 API 进行讲解。

(1) 消息管理 API。与消息管理有关的 API 主要用于任务间消息的交换,主要包括为任务分配消息缓存、释放消息缓存、接收消息和发送消息等 API 函数。

① osal_msg_allocate()

函数原型:uint8 * osal_msg_allocate(uint16 len)

功能描述:为消息分配缓存空间。

② osal_msg_deallocate( )

函数原型:uint8 osal_msg_deallocate(uint8 * msg_ptr)

功能描述:释放消息的缓存空间。

③ osal_msg_send()

函数原型:uint8 osal_msg_send(uint8 destination_task,uint8 * msg_ptr)

功能描述:一个任务发送消息到消息队列。

④ osal_msg_receive()

函数原型：uint8 * osal_msg_receive(uint8 task_id)

功能描述：一个任务从消息队列接收属于自己的消息。

（2）任务同步 API。任务同步 API 主要用于任务间的同步，允许一个任务等待某一事件的发生。

osal_set_event()

函数原型：uint8 osal_set_event(uint8 task_id,uint16 event_fiag)

功能描述：运行一个任务设置某一事件。

（3）事件管理 API。事件管理 API 用于开启和关闭定时器，定时时间一般为毫秒级定时，使用该 API,用户不必关心底层定时器是如何初始化的，只需要调用即可，在 ZigBee 协议栈物理层已经将定时器初始化了。

① osal_start_timerEx()

函数原型：uint8 osal_start_timerEx(uint8 task_id,uint16 event_id,uint16 timeout_value)

功能描述：设置一个定时时间，定时时间到后，相应的事件被设置。

② osal_stop_timerEx()

函数原型：uint8 osal_stop_timerEx(uint8 task_id,uint16 event_id)

功能描述：停止已经启动的定时器。

（4）中断管理 API。中断管理 API 主要用于控制中断的开启与关闭。

（5）任务管理 API。任务管理 API 主要功能是对 OSAL 进行初始化和启动，主要包括 osal_init_system()和 osal_start_system()。

① osal_init_system()

函数原型：uint8 osal_init_system(void)

功能描述：初始化 OSAL,该函数是第一个被调用的 OSAL 函数。

② osal_start_system()

函数原型：uint8 osal_start_system(void)

功能描述：该函数包含一个无限循环，它将查询所有的事件，如果有事件发生，则调用相应的事件处理函数，处理完该事件后，返回主循环继续检测是否有事件发生，如果开启了节能模式，则没有事件发生时该函数将使处理器进入休眠模式，以降低系统功耗。

（6）内存管理 API。内存管理 API 用于在堆上分配缓冲区，这里需要注意，以下两个 API 函数一定要成对使用，防止产生内存泄露。

① osal_mem_alloc()

函数原型：void * osal_mem_alloc(uint16 size)

功能描述：在堆上分配指定大小的缓冲区。

② osal_mem_free()

函数原型：void * osal_mem_free(void * ptr)

功能描述：释放使用 osal_mem_alloc()分配的缓冲区。

（7）电源管理 API。电源管理 API 主要用于电池供电的 ZigBee 网络节点。

（8）非易失性闪存管理 API。非易失性闪存（Non-Volatile Memory，NV）管理 API 主要是添加了对非易失性闪存的管理函数，一般这里的非易失性闪存指的是系统的 Flash 存储器（也可以是 E^2PROM），每个 NV 条目分配唯一的 ID 号。

① osal_nv_item_init()

函数原型：byte osal_nv_item_init(uint16 id,uint16 len,void * buf);

功能描述：初始化 NV 条目，该函数检测是否存在 NV 条目，如果不存在，它将创建并初始化该条目。如果该条目存在，每次调用 osal_nv_read()或 osal_nv_write()函数对该条目进行读写之前都要调用该函数。

② osal_nv_read()

函数原型：byte osal_nv_read(uint16 id,uint16 offset,uint16 len,void * buf);

功能描述：从 NV 条目中读取数据，可以读取整个条目的数据，也可以读取部分数据。

③ osal_nv_write()

函数原型：byte osal_nv_write(uint16 id,uint16 offset,uint16 len,void * buf);

功能描述：写数据到 NV 条目。

6.3.4　ZigBee 的应用领域

ZigBee 技术是基于小型无线网络而开发的通信协议标准，尤其是伴随 ZigBee 2007 协议的逐渐成熟，ZigBee 技术在智能家居和商业楼宇自动化方面有较大的应用前景。ZigBee 技术的出现弥补了低成本、低功耗和低速率无线通信市场的空缺。总体而言，在以下应用场合可以考虑采用 ZigBee 技术。

① 需要进行数据采集和控制的节点较多。

② 应用对数据传输速率和成本要求不高。

③ 设备需要电池供电几个月的时间，且设备体积较小。

④ 野外布置网络节点，进行简单的数据传输。

下面给读者展示当前市场上几个 ZigBee 方面应用的例子。

（1）在工业控制方面，可以使用 ZigBee 技术组建无线网络，每个节点采集传感器数据，然后通过 ZigBee 网络来完成数据的传送。

（2）在智能家居和商业楼宇自动化方面，将空调、电视、窗帘控制器等通过 ZigBee 技术来组成一个无线网络，通过一个遥控器就可以实现各种家电的控制，这种应用场所比现行的每个家电一个遥控器要方便得多。图 6.8 所示为智能家居的实现。

（3）在农业方面，传统的农业主要使用没有通信能力且独立的机械设备，使用人力来检测农田的土质状况、作物生长状况等，如果采用 ZigBee 技术，可以轻松地实现作物各个生长阶段的监控，传感器数据可以通过 ZigBee 网络来进行无线传输，用户只需要在计算机前即可实时监控作物生长情况，这将极大加快现代农业发展的步伐。

（4）在医学应用领域，可以借助 ZigBee 技术，准确、有效地检测病人的血压、体温等信息，这将大大减轻查房的工作负担，医生只需要在计算机前使用相应的上位机软件，即可监控数个病房病人的情况。

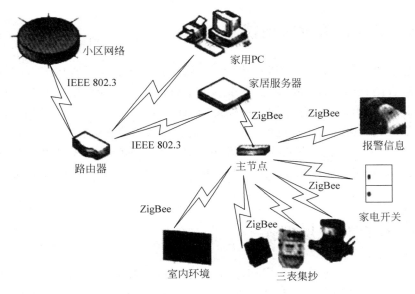

图 6.8 智能家居的实现

6.4 中间件技术

6.4.1 中间件

随着网络应用的日益普及,软件应用的规模和范围无限扩展,许多应用程序需要在网络环境的异构平台上运行,由此带来的问题也越来越明显,如不同的硬件平台、不同的网络环境、不同数据库之间的相互操作;多种应用模式并存、系统效率过低、传输不可靠、数据加密、开发周期过长等,单纯依赖传统的系统软件或工具软件提供的功能已无法满足要求。

另外,当客户机/服务器方式的应用逐渐推广到企业级的关键任务环境时,便出现了一些问题,如系统可扩展性差、解析度低、维护代价高、安全性差、系统间通信功能较弱。为解决这些问题,中间件技术应运而生。

一般说来,中间件有两层含义。从狭义的角度,中间件英文为 Middleware,它是表示网络环境下处于操作系统等系统软件和应用软件之间的一种起连接作用的分布式软件,通过 API 形式提供一组软件服务,可使得网络环境下的若干进程、程序或应用可以方便地交流信息和有效地进行交互与协同。简言之,中间件主要解决异构网络环境下分布式应用软件的通信、互操作和协同问题,它可屏蔽并发控制、事务管理和网络通信等各种实现细节,提高应用系统的易移植性、适应性和可靠性。从广义的角度,中间件在某种意义上可以理解为中间层软件,通常是指处于系统软件和应用软件之间的中间层次的软件,其主要目的是对应用软件的开发提供更为直接和有效的支撑。

6.4.2　中间件关键实现技术

面向消息的中间件(MOM)可以描述为一类能够为分布式应用程序或者异构的操作系统提供松散耦合的、可靠的、可扩展的、安全的消息通信软件。MOMs 在分布式计算中有着重要的地位。使用 MOMs 利用不同厂商提供的 APIs 完成应用程序之间的通信,处理企业级领域的通信问题。MOM 在消息的发送者和消息的接收者之间提供一个消息中介的作用,这种中介提供了高层次松散耦合的企业级消息应用。MOM 不仅可以用于应用程序之间的通信,也可以应用于应用程序(终端)和主框架之间的通信。其他的还有面向对象中间件技术。

6.4.3　中间件三层模式

从传统的二层结构到现在的多层结构,软件系统的发展经历了翻天覆地的变化。传统的应用系统模式是"主机/终端"或"客户机/服务器(Client/Server)"。Client/Server 系统的结构是指把一个大型的计算机应用系统变为多个能够互为独立的子系统,而服务器便是整个应用系统资源的存储与管理中心,多台客户机则各自处理相应的功能,共同实现完整的应用。随着 Internet 的发展壮大,这些传统模式已经不能适应新的环境,于是就产生了新的分布式应用系统,即"浏览器/服务器"的结构、"瘦客户机"模式。在 Client/Server 结构模式中,客户端直接连接到数据库服务器,由二者分担业务处理,这样的体系有以下缺点:Client 与 Server 直接连接,安全性低;非法用户容易通过 Client 直接闯入中心数据库,造成数据损失;大量的数据直接通过 Client/Server 传送,在业务高峰期容易造成网络流量剧增,网络容易发生堵塞;Client 程序庞大,并且随着业务规则的变化,需要随时更新 Client 短程序,大大增加维护量,造成维护工作困难。随着 Internet 的发展,企业的信息系统和以往相比已经发生了很大的变化。企业级的应用已不再满足于单机系统和简单的 Client/Server 服务器系统,而是向着三层和多层体系结构的分布式环境不断迈进。三层结构就是在原有的"两层结构"(客户端和服务器端)之间增加了一层组件,这层组件包括事务处理逻辑应用服务、数据库查询代理/数据库等。随着这层组件的增加,两层结构向三层结构转变后,客户端和服务器端的负载就相应减轻了,跨平台、传输不可靠等问题也得到了解决。增加的这层组件就是"中间件"。

6.4.4　物联网与中间件

物联网中的中间件处于物联网的集成服务器端和感知层、传输层的嵌入式设备中。服务器端中间件称为物联网业务基础中间件,一般都是基于传统的中间件(应用服务器、ESB/MQ 等)构建,加入设备连接和图形化组态展示等模块;嵌入式中间件是一些支持不同通信协议的模块和运行环境。中间件的特点是它固化了很多通用功能,但在具体应用中多半需要二次开发来实现个性化的行业业务需求,因此所有物联网中间件都要提供快速开发工具。

第 3 篇

案　例

第7章
CHAPTER 7

工厂化食用菌生产厂数据采集开发实例

食用菌工厂化生产是指在食用菌栽培的过程中,综合运用现代高科技、新设备和管理方法而发展起来的一种全面机械化、自动化技术(资金)高度密集型生产,通过人工创造的生长环境实现食用菌栽培的连续作业,从而摆脱自然界的制约,满足市场对食用菌的大量需求。为实现上述过程,需对食用菌栽培各阶段进行实时监测与控制,保证食用菌生长的最佳环境。传统的食用菌栽培中,通过人工巡视的方式,定期对食用菌生长状况进行观察,利用栽培经验对食用菌栽培环境进行调节,以期达到最佳生长环境。这种方式使得工厂效率低下,食用菌生长质量不稳定,无法发挥食用菌工厂化生产的优势。

通过采用传感器技术和无线通信技术,结合现代互联网技术,对食用菌工厂化生产过程的环境参数进行采集与存储,设计一个依托开源软件技术的通用数据采集平台。在平台的基础上,实现对食用菌生长环境参数的控制、食用菌出菇量的预测。

7.1 案例背景

食用菌是我国传统产业,是集保健、营养于一身的特色蔬菜,随着人们对其健康价值的深入认识,已日渐成为人们日常生活食品中的重要组成部分,消费量日益增多,已成为继粮、棉、油、果、菜之后的第六大类农产品,2007 年食用菌销量达到 1682 万吨,销售收入近 800 亿元,增长率超过 30%,从业人员达到近 4000 万人;2007 年出口量突破 70 万吨,创汇 14.25 亿美元,已经创造出了惊人的经济、社会价值,显示出了极大的发展潜力。由于历史原因,我国食用菌产业的界限曾经比较模糊,界定不一,但通过近 10 年的发展,我国食用菌产业已初步形成干鲜品、深加工食品、医药保健品等多个消费产业,涉及农业、林业、畜牧业、生物产业、食品工业(罐头加工)、制药等多个领域。从整体上讲,我国食用菌产业市场正逐步趋向完善。

然而,随着人们对生活需求的逐步提高和对食品安全的日益关注,我国食用菌产业已暴露出许多问题,主要有以下几个方面:一是大量的大棚和设施化栽培,导致食用菌的质量和安全难以得到有效保证;二是优质、高效、安全的标准化生产技术和生产后商品化处理技术滞后,导致食用菌的生产效率和经营效益较低。由于国内食用菌生产在标准化生产方面与国外存在差距,其非工厂化栽培严重影响了食用菌产品的出口。在日本、韩国、荷兰、意大利等发达国家几乎都是采用工厂化进行生产,日本的食用菌工厂化产品占有率达 80%,韩国也达 60%。而在我国大陆食用菌工厂化产品占有率仅为 2%。为此,相关专家指出,过去"我国食用菌生产量的迅速增加是靠扩大生产地区与栽培单位来实现的",现在"我国食用菌生产必须尽快由数量型向质量效益型转换,核心是适度扩大一个经济独立核算单位的生产规模"。所谓"一个经济独立核算单位"是指工厂化生产食用菌企业,它的兴起将是我国食用菌产业变大、变强的最大前提。

食用菌工厂化生产就是通过对食用菌生长所需的温度、湿度、通风、光照等条件进行人工智能控制,按照工业产品的标准进行全年生产,从而实现食用菌的规模化、集约化、标准化、周年化生产,把食用菌产业逐渐变为工厂化、机械化生产。2005 年以来,我国食用菌工厂化生产企业生产投入从百万元升级到千万元,产业总体投入产出增加迅速,食用菌产业已经步入了一个新的发展阶段。

7.2 拓扑结构

根据食用菌工厂的整体厂房结构以及物联网体系架构,数据采集平台设计拓扑结构如图 7.1 所示。

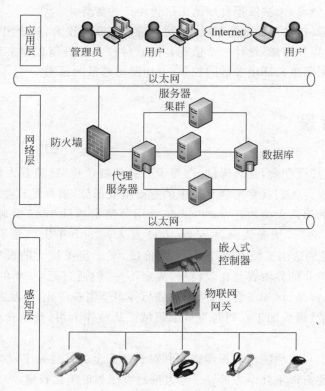

图 7.1 数据采集平台拓扑结构

数据采集平台包含 3 个层次的模块。

1. 感知层

感知层主要功能为对食用菌工厂化生产的工作环境以及菌菇生长环境进行数据采集，其中包括空气温湿度、食用菌培养瓶温湿度、光照以及 CO_2 等信息。数据采集技术主要为传感器技术。传输技术包括有线和无线方式。有线方式有现场总线、M-Bus 总线、开关量、PSTN 等传输技术；无线方式有 RFID、红外感应、WiFi、GMS 短信、ZigBee、超宽频（Ultra WideBand）、短距通信（NFC）、WiMedia、GPS、DECT、无线 1394、专用无线系统等传输技术。

2. 网络层

网络层主要功能为将来自感知层的各类信息通过基础承载网络传输到应用层，包括移动通信网、互联网、卫星网、广电网、行业专网以及下一代承载网和形成的融合网络等。网络层涉及智能路由器，不同网络传输协议的互通、自组织通信等多种网络技术，此外还有资源和储存管理技术。现阶段的网络层技术基本能够满足物联网数据传输的需要，未来需要针对物联网新的需求进行网络层技术化。

3. 应用层

应用层主要功能为物联网应用支撑子层和物联网应用子层。其中物联网应用支撑子层用于支撑跨行业、跨应用、跨系统之间的信息协同、共享、互通，包括基于 SOA（面向服务的架构）的中间件技术、信息开发平台技术、云计算平台技术和服务支撑技术等。物联网应用子层包括智能交通、智能医疗、智能家居、智能物流、智能电力、工业控制等应用技术。

7.3　组成与方案

7.3.1　开发环境与框架

基于开源框架的应用以及嵌入式网关的相关程序编程，本实例选择基于 Linux 操作系统进行平台开发、测试与验证，提高平台的开发效率，且更有利于提升平台稳定性。

（1）操作系统的选择。采用 Ubuntu 14.04 (LTS)操作系统，内嵌 Linux 3.13.0-69 内核。Ubuntu 是一款开源的桌面式 PC 操作系统，提供了大量开源开发工具支持，其良好的用户交互界面与简洁的开发环境，大大提升了平台的开发效率。

（2）开发工具的选择。采用 Pycharm 3.4.1 作为 Python 集成开发工具，其拥有调试、语法高亮、Project 管理、代码跳转、智能提示、自动完成、单元测试、版本控制等高级开发功能，主要用于基于 Django 框架 Web 应用开发；采用 IntelliJ IDEA 14.0 作为 Java 集成开发工具，进行 Java 中间件开发，处理平台与嵌入式网关的数据通信。

（3）数据库的选择。采用 MySQL 5.5.46 作为数据库服务器，进行平台数据库设计与开发相关工作。MySQL 由于体积小、速度快、成本低、开源等特点，成为目前最流行的关系型数据库管理系统。

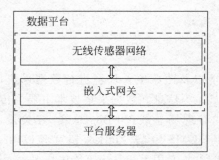

图 7.2　数据采集平台系统框架

（4）平台服务器的选择。采用目前流行的开源框架 Nginx＋uWSGI＋Django，该架构拥有处理大并发请求的能力，配置简单，基于 Django 的 MVC 模式，能进行快速的 Web 应用开发。

本实例针对数据采集平台业务需求，并结合食用菌工厂化的实际生产环境，其数据采集平台设计系统框架如图 7.2 所示。平台主要包括数据采集模块、平台服务器两部分，其中数据采集模块包含无线传感器网络及嵌入式网关两部分。

7.3.2　数据采集平台模块

1. 无线传感器网络

传感器网络的设计，根据工厂化农业在生产过程采用大量的工业化设施设备，生产环境较为复杂，且作物在生长过程中会通过自动化设备或仪器进行移动或在生产线上流转的因素，采用更加灵活、动态的无线传感器网络设计，避免进行有线传感器网络的设计方案。无线通信协议的选择，本实例通过分析 WiFi、ZigBee、蓝牙 3 种无线通信协议的优缺点，并结合农业工厂化生产的具体需求场景，选择短距离、低传输速率、低成本、低功耗的 ZigBee 技术进行无线传感器组网。

本实例对食用菌生产过程中主要的生长因子进行分析，选择空气温湿度传感器（ATH Sensor）、土壤温度传感器（ST Sensor）、土壤湿度传感器（SH Sensor）、光照度传感器（ILL Sensor）以及二氧化碳传感器（CO_2 Sensor）对食用菌的主要环境参数进行数据采集。无线传感器网络设计如图 7.3 所示。

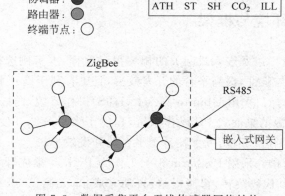

图 7.3　数据采集平台无线传感器网络结构

ZigBee 无线传感器网络中，包含 3 种节点类型，即传感器节点、路由节点和协调器。节点由 ZigBee 无线收发模块、RS232 模块、RS485 模块及 CC2530 控制器构成。传感器节点负责采集原始数据，根据传感器不同的类型进行适当的模数转换，将数据上传至汇聚节点；路由节点将数据经过多跳转发至协调器；协调器通过协议转换，采用 RS485 协议将各传感器节点采集的原始数据发送给嵌入式网关。

2. 嵌入式网关

嵌入式网关以基于 ARM11 架构的 S3C6410 芯片为核心处理器,以嵌入式 Linux 系统为平台。S3C6410 是三星公司生产的低功耗、高性能的 RISC 处理器,集成 16KB 指令缓存、16KB 数据缓存以及 4 通道 UART。为保证平台数据传输的安全性,本实例在嵌入式网关数据转发时,利用 SSL 与平台服务器进行连接,对数据进行加密传输。嵌入式网关定时向传感器节点发送采集指令,将采集的数据进行协议转换打包,并进行数据加密,通过 TCP/IP 网络发送至平台服务器。

嵌入式网关与无线传感器网共同构成平台的数据采集模块,数据采集模块整体框架示意图如图 7.4 所示。

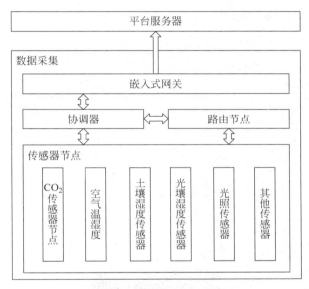

图 7.4　数据采集模块框架

3. 平台服务器

本实例平台服务器设计包括代理服务器、应用服务器集群和数据库 3 部分,具体如图 7.5 所示。

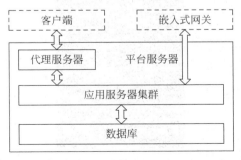

图 7.5　平台服务器结构

代理服务器由 Nginx 实现。Nginx 主要有两部分功能：作为静态服务器，对 URL 进行过滤，利用处理静态文件的优势，对客户端发起的静态请求进行直接响应；作为反向代理服务器，对上游的应用服务器进行集群构建，并转发客户端发起的动态请求和均衡负载工作。应用服务器集群接收来自前置服务器转发的动态请求，进行复杂的业务逻辑处理，并与数据库进行数据交互，将响应返回给前置代理服务器。数据库负责平台的数据存储以及平台业务实体数据结构的构建。

本实例平台数据库设计包含用户模块和库房模块。用户模块包含认证群组、认证用户和认证权限 3 张表，及由这 3 张表产生的关联表；库房模块包含库房管理人员、库房、传感器以及对应传感器数据共 8 张表。数据库关系表如图 7.6 所示。

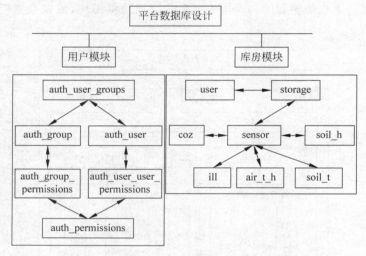

图 7.6　平台数据库设计

平台具体的数据表如图 7.7 所示。

图 7.7　平台数据库及数据表

7.4　实施方案

本节通过食用菌生长过程数据采集系统为具体业务模型对数据采集平台进行部署。食用菌生长过程数据系统用于实现菌菇栽培库环境参数的实时采集与监测,将传感器采集到的光照、CO_2 浓度、空气温湿度、土壤温湿度数据同步至平台服务器,并对数据进行存储与管理。环境监测以菌菇栽培库为单位,用户需要对菌菇栽培库进行配置,输入部署的传感器编号、类型以及具体的部署位置等信息。栽培库配置成功后,用户可以对数据采集系统上传的环境参数进行查询与统计分析,并生成图表显示。

基于上述需求分析,本节对食用菌生长过程数据采集系统设计包括登录验证模块、系统主界面模块、栽培库配置模块和数据查询模块。

7.4.1　登录验证模块

图 7.8 所示为食用菌生长过程数据采集系统登录注册界面,系统在该页面上完成用户的注册和登录。用户注册时,平台对用户输入的邮箱、用户名进行唯一性验证,判断用户是否已经注册,验证成功后,将新用户添加进数据库,并将请求重定向至登录界面。用户登录时需填写用户名、密码以及由服务器生成的验证码;服务器对用户进行验证,验证成功后重定向至平台主界面。为了避免用户退出后通过浏览器后退功能回到平台操作界面,造成安全性漏洞,需要在 Session 中记录用户的登录状态。

图 7.8　系统登录验证界面

7.4.2 系统主界面模块

图 7.9 所示为食用菌生长过程数据采集系统主界面。用户登录成功后，系统会跳转至该界面，该界面包含数据采集平台的主要功能，用户可根据需求进行操作。系统主界面包括库房操作功能模块入口、数据监测功能模块入口以及业务扩展功能模块入口。业务扩展功能模块用于平台根据实际业务需求进行扩展，便于满足其他实际需求。

图 7.9 系统主界面

7.4.3 栽培库配置模块

图 7.10 所示为食用菌生长过程数据采集系统的库房信息查询界面。该界面包含系统中所配置的所有库房信息，用户单击"库房操作"可查看库房的具体配置信息，包括传感器类型及其具体个数。用户可在此界面进行库房的删除、添加等操作，系统会对当前的操作信息保存，进行数据持久化操作，写入数据库，并重定向库房信息查询界面。

图 7.11 所示为食用菌生长过程数据采集系统的新增库房配置界面。食用菌栽培库房配置模块需要对栽培库编号、栽培库中部署的各类传感器个数、传感器编号、传感器位置进行配置。系统会对当前的新增库房信息进行保存，进行数据持久化操作，写入数据库，并重定向库房信息查询界面进行更新。库房的修改界面与新增库房配置类似。这里对库房的删除操作将不进行详细叙述。

图 7.10　库房信息查询界面

图 7.11　新增库房配置界面

7.4.4　数据监测模块

数据监测模块分为传感器数据查询和库房环境查询两部分。用户通过选择所需监测的库房编号、传感器类型、传感器编号进行传感器数据查询，数据监测模块将对用户输入条件进行筛选,将所查询的数据以图表绘制的方式展示给用户,如图 7.12 所示;库房环境查询通过输入需查询的库房编号以及传感器类型,进行前后 1h 传感器数据的查询。

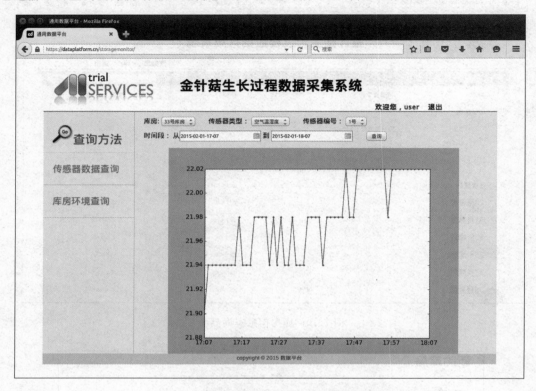

图 7.12　菌菇生长环境空气温度数据示意图

本实例系统通过嵌入式网关每分钟向传感器节点发送采集指令,无线传感器接收采集指令后进行数据采集并上传至嵌入式网关,网关一并发送至平台服务器。以温度数据为例,正常情况下,环境温度每分钟变化范围较小,服务器将收到大量近似的冗余数据,不利于数据库存储和检索,需要对数据进行筛选。以温差为基础进行数据筛选时,若在较长时间段内温度变化较小,可能导致数据库在相应时间段无数据,当用户选取该时间段进行数据分析时,无法生成统计图表。在人为干预下,环境温度可能在短时间内发生较大变化,以时间跨度为标准进行数据筛选时,将导致有效数据丢失,不利于数据分析。

7.5　应用价值

基于物联网的食用菌生产厂数据采集系统解决现有生产过程中存在人工进行数据采集、缺乏有效手段进行数据存储及生产过程数据的统一管理等缺点;在引进工厂化设备进行食用菌工厂化生产的同时,实现生产线食用菌生长数据的实时记录,实现有效监控;建立食用菌数据平台,为食用菌生长环境的优化,提升经济效益,进行食用菌产量的估算、预售以及市场分析数据挖掘提供基础。

第8章
CHAPTER 8

葡萄滴灌远程控制系统开发实例

8.1 案例背景

随着信息化技术的进步,农业各领域的传统耕作方式逐渐被信息化、智能化的方式取代。灌溉通常是农业生产过程中的重要部分,也是农业信息化的重点对象。在大部分农作区,灌溉仍然采取传统的人工灌溉方式——人工挑水灌溉。但人工灌溉有个极大的缺点,就是极耗费人工成本,而夏天的灌溉任务之繁重令工人叫苦不迭。

在浙江省桐乡市马鸣村有一个 500 亩(333 333m²)的葡萄园(图 8.1),据了解,葡萄园的运营主要在夏季,这意味着葡萄园的灌溉工作需要持续一整个高温炎热的夏季。

图 8.1 葡萄园

而该葡萄园聘请的工人均为本地留守老人,由于工作量大,可知工人数目也很可观。葡萄园的运营者希望能够利用物联网技术,给葡萄园搭建一个远程灌溉系统,用滴灌、电磁阀代替水桶,用少量系统管理和操作人员代替大量工人。也就是说,需要先构建硬件系统来实现灌溉机械化:用传感器连接并监视铺设在葡萄园中的机械设备(阀门或滴灌),通过无线设备或有线设备将所有传感器接入到同一个嵌入式系统中,嵌入式系统不仅收集机械设备状态而且负责控制。在铺设好硬件系统的基础上,还需开发一个更友好的管理系统。管理系统的功能包括人员管理、灌溉管理和监控。当前的开发实例介绍主要是指该系统中的软件系统开发,并于 2013 年完成该系统开发。

8.2 采集与控制过程

在这个实例中,葡萄园里铺设了 33 个阀门(包括电动阀及电磁阀),所有阀门均通过 RS485 总线接入一块放置于管理间的嵌入式板。该嵌入式板相当于软件系统和底层机械间的"网关",负责收集阀门状态并向上转发,在收到控制命令的时候通过 RS485 总线相应地控制阀门传感器。葡萄园的灌溉状态由阀门的状态表示,那如何将收集到的简单状态还原为整个葡萄园的可视化图像呢? 答案是采用可编程控制的动态图形文件。图 8.2 展示了葡萄田的灌溉状态。

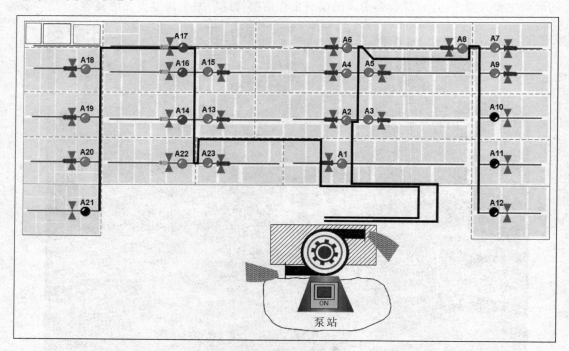

图 8.2 葡萄园的灌溉状态

其中,对于地区的灌溉阀门状态被收集到系统中,并显示在该图上:红色表示正在灌溉,绿色表示关闭,黑色表示故障。

状态采集:灌溉阀门的状态采集应该是实时的,而系统则只需按一定频率刷新所有阀门的状态记录。

灌溉控制:管理操作人员可以通过最简单的双击操作图中的阀门元件来实际控制葡萄园中处于相应位置的阀门。

8.3　组成与方案

1. 系统功能组成

根据用户需求,远程灌溉控制系统的功能由三部分组成,即人员管理、灌溉管理及视频监控。

(1)人员管理,包括管理员及用户,管理员是可登录及操作的人员,用户则是通过远程客户端登录系统的人员。

(2)灌溉管理,实时收集并显示系统管理范围内的所有灌溉状态,根据管理员或用户指令下发灌溉命令。

(3)视频监控,实时操作安置在葡萄园或管理机房的视频摄像头。

2. 系统方案设计

在进行系统方案设计的时候,需要考虑目标平台、应用开发框架、开发语言及第三方辅助工具。表 8.1 给出了该实例开发所采用的平台和工具。

表 8.1　开发平台及工具介绍

开 发 平 台	Windows XP 系统
应用开发框架	MFC
开发语言	C++
数据库及开发语言	Microsoft Access、SQL
第三方工具及组件	VG、Oplayer

从界面友好性出发,显然应该以 Windows 系统为目标开发平台,而 MFC 是微软为开发 Windows 应用软件而推出的一个功能强大的开发框架,不在此列举其便利性。需要强调的是,在以普通农户作为使用对象的前提下,将简单数据转换为图形显示很重要。因此,采用可编程控制的组件开发动态图形应该是可考虑的选项之一。最后,为了节省自主开发视频采集的消耗,可以采用市场上已有的网络摄像头来实现监控功能。具体的系统开发设计如图 8.3 所示。

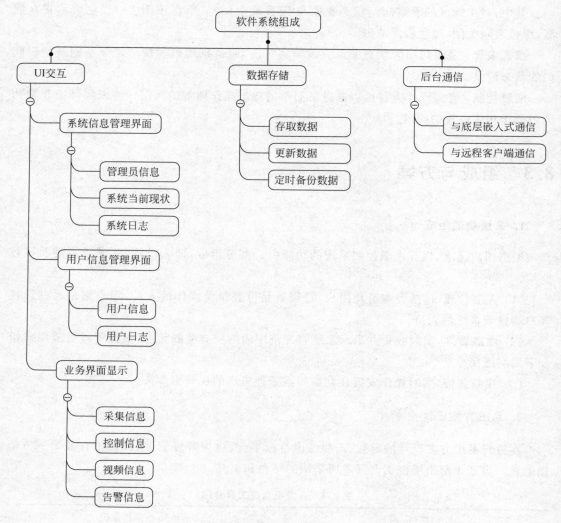

图 8.3　系统设计

8.4　实施方案

1. 系统开发原则

在系统需求和方案设计之后,需要确定系统开发的原则。

① 模块化开发,尽量降低各个功能模块之间的耦合性。

② 最后设计软件 UI。

之所以需要模块化开发,一方面出于多人并行开发考虑;另一方面也为了降低开发复杂度,模块化开发适合模块化测试。由于界面需求常常发生变化,因而将其作为系统功能开发的最后一道工序更有利于界面设计顺利完成。

2．系统开发

下面简要介绍各个模块设计开发过程。

1）通信设计

通信模块的功能是从嵌入式网关出发收集葡萄园实地设备的状态数据，以及下发控制命令。因此，在设计阶段需要解决的问题有以下两个。

① 设计通信协议。

② 确定通信参数。

整个通信过程的顺畅进行建立在完整、高效的通信协议上，包括连接建立、身份认证、数据交换及通信保持恢复机制。而通信参数则涉及通信质量，根据需要选择能满足相应性能要求的通信模型及参数。实际上，开发基础通信模块是独立于具体通信协议内容的，正确的开发顺序是先开发基础通信模型，在测试通过后再嵌入具体的通信协议处理过程。

2）数据库设计

数据库的目的是存储数据，包括设备状态、业务信息、系统信息以及用户信息，也就是整个管理系统的所有相关信息。在进行数据库设计时应该从具体应用场合及性能要求出发，选择开源或非开源数据库。

数据库设计主要包括数据表设计和查询计划设计，需要考虑整个系统的数据存储需求，包括数据种类、表间关系和历史数据。

3）界面设计

整个系统的功能通过软件界面展现，界面负责根据用户需求呈现目标数据、向后台传入用户更新的信息（账户信息或系统命令）。应用软件开发常用的开发框架除了 MFC，还有 QT。但桌面应用软件的缺点是界面开发单调且不易更新，对此可以采用 Web 开发形式，利用浏览器代替桌面应用软件。

界面开发需注意逐个测试界面的操作逻辑，至少保证不会出现操作上的逻辑错误，在保证基本功能的基础上才应该考虑界面美观问题。

4）系统整合及测试

各模块开发完成并进行基本测试后，将模块进行整合，这主要指完成模块间调用。同样，模块间嵌入调用需要同时进行功能测试。显然，模块整合越完整就越困难，原因是多模块之间出问题时需要检查的位置也越多。通常，测试需要花费的时间和前期开发时间差不多，甚至更长。

系统测试的问题有以下几个。

① 基本功能。

② 稳定性。

③ 安全性。

只有同时满足以上几个基本条件后，这个软件开发才算初步完成。

8.5　应用价值

图 8.4 和图 8.5 是该实例完成后的登录界面和操作界面。

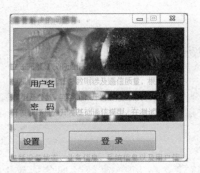

图 8.4　登录界面

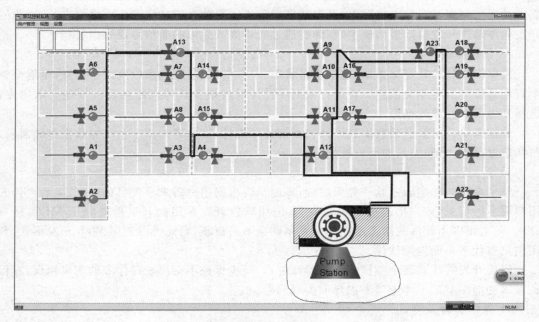

图 8.5　操作界面

　　我国人均水资源匮乏,被列为世界上 13 个贫水国家之一。农业灌溉是水资源消耗的重要组成部分。据统计,近几年我国农业灌溉用水量占农业总用水量的 90%,占全国总用水量的 63%。传统农业灌溉主要依靠经验进行定时灌溉,存在水资源利用率低下的问题。信息化农业灌溉技术实现了灌溉的精准性及可控性,有效地解决了这一问题。基于物联网技术构建农业灌溉系统,重点对系统监控软件进行开发以实现对灌溉系统的远程监测控制,在推进农业信息化的同时节省水资源。无论从研究还是应用来看,开发灌溉远程控制系统具有极高的价值。该实例的开发面向 Windows 系统,且基于 MFC 框架开发,而系统功能需求较为简单,因而该实例的开发过程具有一定的参考性。

第9章

CHAPTER 9

基于 ZigBee 的元丰村物联网三网合一开发实例

9.1 案例背景

随着计算机技术、市场经济和物联网技术的发展,现代智慧农业一词深入人心,农业物联网一般应用是将大量的传感器节点构成监控网络,通过各种传感器采集信息,以帮助农民及时发现问题,并且准确地确定发生问题的位置,这样农业将逐渐从以人力为中心、依赖孤立机械的生产模式转向以信息和软件为中心的生产模式,从而大量使用各种自动化、智能化、远程控制的生产设备。

当前物联网行业已成为趋势,国家大力倡导农业走向信息化和现代化,大力支持农业物联网的构建。农业信息化是指人们运用现代信息技术,搜集、开发、利用农业信息资源,以实现农业信息资源的高度共享,从而推动农业经济发展。农业信息化的进程是不断扩大信息技术在农业领域的应用和服务的过程。

农业物联网,即在大棚控制系统中,运用物联网系统的温度传感器、湿度传感器、pH 值传感器、光传感器、CO_2 传感器等设备,检测环境中的温度、相对湿度、pH 值、光照强度、土壤养分、CO_2 浓度等物理量参数,通过各种仪器仪表实时显示或作为自动控制的参变量参与到自动控制中,保证农作物有一个良好的、适宜的生长环境。远程控制的实现使技术人员在办公室就能对多个大棚的环境进行监测控制。采用无线网络来测量获得作物生长的最佳条件,可以为温室精准调控提供科学依据,达到增产、改善品质、调节生长周期、提高经济效益的目的。物联网在农业方面的深入发展,不但节省人力、物力以及时间、精力,同时还能提高农作物等产量,并能实时发现农作物的问题,得到及时处理。

未来农业发展需要实现与信息化结合,实现效率与成本的双重提升,最终实现农业的信息化、智能化发展。ZigBee 技术是一种近距离、低复杂度、低功耗、低速率、低成本的双向无线通信技术,主要适用于工农业传感控制系统、建筑物自动化设备,如温度自动调节装置、灯光控制设备、环境监测系统等。近年来,ZigBee 技术迅速扩展到消费领域,引起了各行各业等企业的关注。

9.2 服务器协议

本案例通过传感器设备实时采集温室内各环境数据，采集到终端节点，利用 ZigBee 自建的网络，将数据发送到协调器并利用 485 总线再将数据发送给网关，网关最后将采集到的实时数据传送给服务器，从而实现实时监测的目的，能够实时地采集到相应的空气温湿度、土壤温湿度、CO_2 浓度等数据，传送回服务器端，用户可以利用客户端实时查阅监测，并能够远程控制水阀、排风机、卷帘机的开关等功能，从而达到智能地管理农场的效果。农户使用手机 App 或是计算机客户端登录系统后，可以实时查询温室内的各项信息数据，对相应的喷灌、滴管、卷帘等设备能够进行控制。

本案例研究和设计现代农业信息化智能系统平台过程中，主要分为硬件嵌入式部分和软件管理操作系统平台，图 9.1 所示为现代农业信息化智能系统的架构模型。

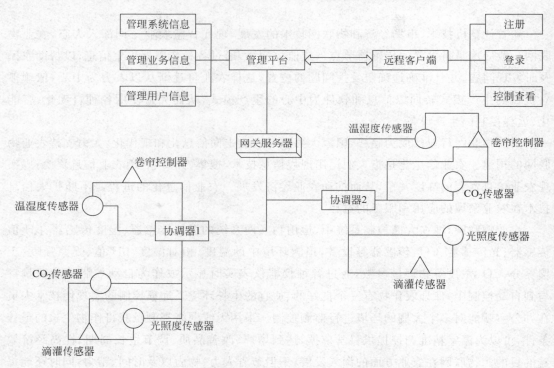

图 9.1　现代农业信息化智能系统的架构模型

由图 9.1 可知，本案例所涉及的协议有 TCP/IP 通信协议和 485 协议。由于本案例涉及 Socket 编程，因此下面将分别加以介绍。

9.2.1　TCP/IP 通信协议

1. 组成层次

TCP/IP 协议不是 TCP 和 IP 这两个协议的合称，而是指因特网整个 TCP/IP 协议族。

图 9.2 所示为 TCP/IP 协议模块关系。

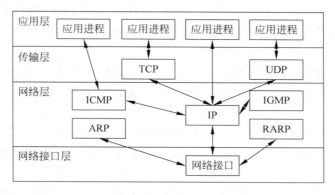

图 9.2　TCP/IP 协议模块关系

从协议分层模型方面来讲，TCP/IP 由 4 个层次组成，即网络接口层、网络层、传输层、应用层。

TCP/IP 协议并不完全符合 OSI 的 7 层参考模型，OSI 是传统的开放式系统互联参考模型，是一种通信协议的 7 层抽象的参考模型，其中每一层执行某一特定任务。图 9.3 所示为 OSI 模型。

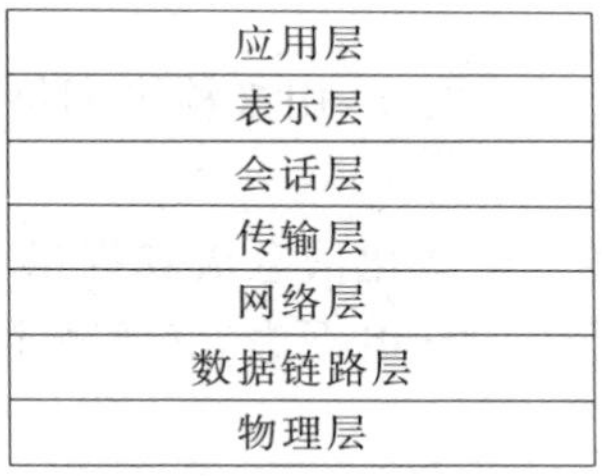

应用层
表示层
会话层
传输层
网络层
数据链路层
物理层

图 9.3　OSI 模型

该模型的目的是使各种硬件在相同的层次上相互通信。

这 7 层是物理层、数据链路层（网络接口层）、网络层（网络层）、传输层（传输层）、会话层、表示层和应用层（应用层）。而 TCP/IP 通信协议采用了 4 层的层级结构，每一层都呼叫它的下一层所提供的网络来完成自己的需求。实际上，TCP/IP 协议可以通过网络接口层连接到任何网络上。表 9.1 所示为 TCP/IP 结构对应 OSI。

表 9.1　TCP/IP 结构对应 OSI

TCP/IP	OSI
应用层	应用层
	表示层
	会话层
主机到主机层（TCP）（又称传输层）	传输层
网络层（IP）（又称互联层）	网络层
网络接口层（又称链路层）	数据链路层
	物理层

1）网络接口层

物理层是定义物理介质的各种特性，如机械特性、电子特性、功能特性和规程特性。

数据链路层是负责接收 IP 数据包并通过网络发送，或者从网络上接收物理帧，抽出 IP 数据包，交给 IP 层。

ARP 是正向地址解析协议，通过已知的 IP，寻找对应主机的 MAC 地址。

RARP 是反向地址解析协议，通过 MAC 地址确定 IP 地址。

2）网络层

负责相邻计算机之间的通信。其功能包括以下 3 个方面。

（1）处理来自传输层的分组发送请求，收到请求后将分组装入 IP 数据报，填充报头，选择去往信宿机的路径，然后将数据报发往适当的网络接口。

（2）处理输入数据报。首先检查其合法性，然后进行寻径。假如该数据报已到达信宿机，则去掉报头，将剩下部分交给适当的传输协议；假如该数据报尚未到达信宿机，则转发该数据报。

（3）处理路径、流控、拥塞等问题。

网络层包括 IP 协议、ICMP 控制报文协议、ARP 地址转换协议、RARP 反向地址转换协议。

IP 是网络层的核心，通过路由选择将下一条 IP 封装后交给接口层。IP 数据报是无连接服务。

ICMP 是网络层的补充，可以回送报文，用来检测网络是否通畅。

3）传输层

提供应用程序间的通信，功能是格式化信息流和提供可靠传输。为实现后者，传输层协议规定接收端必须发回确认，并且假如分组丢失，必须重新发送，即耳熟能详的"三次握手"过程，从而提供可靠的数据传输。

传输层协议主要是传输控制协议（TCP）和用户数据报协议（UDP）。

4）应用层

向用户提供一组常用的应用程序，如电子邮件、文件传输访问、远程登录等。

远程登录 Telnet 使用 Telnet 协议提供在网络其他主机上注册的接口。Telnet 会话提供了基于字符的虚拟终端。

文件传输访问 FTP 使用 FTP 协议来提供网络内机器间的文件复制功能。

应用层协议主要包括以下几个，即 FTP、Telnet、DNS、SMTP、NFS、HTTP。

FTP 是文件传输协议，一般上传下载用 FTP 服务，数据端口是 20H，控制端口是 21H。

Telnet 服务是用户远程登录服务，使用 23H 端口，用明码传送，保密性差，但简单方便。

DNS 是域名解析服务，提供域名到 IP 地址之间的转换，使用端口 53。

SMTP 是简单邮件传输协议，用来控制信件的发送、中转，使用端口 25。

NFS 是网络文件系统，用于网络中不同主机间的文件共享。

HTTP 是超文本传输协议，用于实现互联网中的 WWW 服务，使用端口 80。

总结见表 9.2。

表 9.2　总结

OSI 中的层	功　　能	TCP/IP 协议族
应用层	文件传输、电子邮件、文件服务、虚拟终端	TFTP、HTTP、SNMP、FTP、SMTP、DNS、Telnet 等
表示层	数据格式化、代码转换、数据加密	没有协议
会话层	解除或建立与其他节点的联系	没有协议
传输层	提供端对端的接口	TCP、UDP
网络层	为数据包选择路由	IP、ICMP、OSPF、EIGRP、IGMP
表示层	数据格式化、代码转换、数据加密	没有协议
会话层	解除或建立与其他节点的联系	没有协议

网络层中的协议主要有 IP、ICMP、IGMP 等,由于它包含了 IP 协议模块,所以它是所有基于 TCP/IP 协议网络的核心。在网络层中,IP 模块完成大部分功能。网络层掌管着网络中主机间的信息传输。

传输层上的主要协议是 TCP 和 UDP。正如网络层控制着主机之间的数据传递,传输层控制着那些将要进入网络层的数据。两个协议就是它管理这些数据的两种方式:TCP 是一个基于连接的协议;UDP 则是面向无连接服务的管理方式的协议。

2. IP 协议介绍

网络层是实现互联网最重要的一层。更高层的协议,无论是 TCP 还是 UDP,必须通过网络层的 IP 数据包来传递信息。操作系统也会提供该层的 Socket,从而允许用户直接操作 IP 包。

IP 数据包是符合 IP 协议的信息,后面简称 IP 数据包为 IP 包。IP 包分为头部和数据两部分。数据部分是要传送的信息;头部是为了能够实现传输而附加的信息。

IP 是 TCP/IP 协议族中最为核心的协议。所有的 TCP、UDP、ICMP 及 IGMP 数据都以 IP 数据报格式传输。它的特点如下。

不可靠的意思是它不能保证 IP 数据报能成功地到达目的地,IP 仅提供最好的传输服务,任何要求的可靠性必须由上层来提供(如 TCP)。

无连接:IP 并不维护任何关于后续数据报的状态信息。每个数据报的处理都是相互独立的,即 IP 数据报可以不按发送顺序接收。

1) IP 包的格式

IP 协议可以分为 IPv4 和 IPv6 两种。IPv6 是改进版本。IP 包的格式如图 9.4 所示。

(1) 版本。占 4 位,指 IP 协议的版本。通信双方使用的 IP 协议版本必须一致。

(2) 首部长度。占 4 位,可表示的最大十进制数值是 15。请注意,这个字段所表示数的单位是 32 位字长。

(3) 服务类型。占 8 位,用来获得更好的服务,但实际上一直没有被使用过。只有在使用区分服务时,这个字段才起作用。

(4) 总长度。总长度指首部和数据之和的长度,单位为字节。总长度字段为 16 位,因此数据报的最大长度为 $2^{16}-1=65\ 535$ 字节。

(5) 标识。占 16 位。IP 软件在存储器中维持一个计数器,每产生一个数据报,计数器

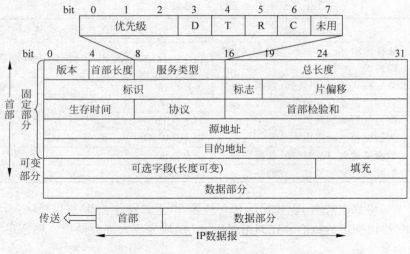

图 9.4   IP 包的格式

就加 1,并将此值赋给标识字段。

(6) 标志。占 3 位,但目前只有 2 位有意义。

① 标志字段中的最低位记为 MF。MF＝1 表示后面"还有分片"的数据报。MF＝0 表示这已是若干数据报片中的最后一个。

② 标志字段中间的一位记为 DF,意思是"不能分片",只有当 DF＝0 时才允许分片。

(7) 片偏移。占 13 位。片偏移指出较长的分组在分片后,某片在原分组中的相对位置。也就是说,相对用户数据字段的起点该片从何处开始。片偏移以 8 个字节为偏移单位。这就是说,每个分片的长度一定是 8 字节(64 位)的整数倍。

(8) 生存时间。占 8 位,生存时间(TTL)字段,表明数据报在网络中的寿命。

(9) 协议。占 8 位,协议字段指出此数据报携带的数据是使用何种协议,以便使目的主机的 IP 层知道应将数据部分上交给哪个处理过程。

(10) 首部检验和。占 16 位。这个字段只检验数据报的首部,不包括数据部分。这是因为数据报每经过一个路由器,路由器都要重新计算一下首部检验和。不检验数据部分可减少计算的工作量。

(11) 源 IP 地址。占 32 位。

(12) 目的 IP 地址。占 32 位。

2) 分片解释

分片指的是需要传送的数据大于最大传输单元(MTU)的时候,就需要分成多个包,然后一个个发送给对方。图 9.5 所示为分片图。

通过 TCP 协议传输数据,到 IP 层的时候不需要分片。只有在通过 UDP 协议传送大数据的时候才需要分片。

用 UDP 协议传送 10240 个字节数据如图 9.6 所示。

可以看到,数据提交到网络层的时候,由于数据超过了最大传输单元,就分片了,分成多个包通过 IP 协议发送给对方。

Understanding MSS & MTU

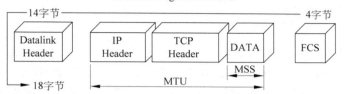

这张图清楚地显示了最大的分段大小和最大的传输单元，不论是否为MTU，都有18个字节的开销，增加数据链接层

图 9.5　分片图

Source	Destination	Protocol	Info
192.168.63.132	192.168.63.134	IP	Fragmented IP protocol (proto=UDP 0x11, off=0, ID=e5cf)
192.168.63.132	192.168.63.134	IP	Fragmented IP protocol (proto=UDP 0x11, off=1480, ID=e5cf)
192.168.63.132	192.168.63.134	IP	Fragmented IP protocol (proto=UDP 0x11, off=2960, ID=e5cf)
192.168.63.132	192.168.63.134	IP	Fragmented IP protocol (proto=UDP 0x11, off=4440, ID=e5cf)
192.168.63.132	192.168.63.134	IP	Fragmented IP protocol (proto=UDP 0x11, off=5920, ID=e5cf)
192.168.63.132	192.168.63.134	IP	Fragmented IP protocol (proto=UDP 0x11, off=7400, ID=e5cf)
192.168.63.132	192.168.63.134	UDP	Source port: 42604 Destination port: ddi-udp-1

图 9.6　UDP 协议传送

3. TCP 协议介绍

TCP 协议是面向连接、保证高可靠性（数据无丢失、数据无失序、数据无错误、数据无重复到达）传输层协议。

1）TCP 头分析

首先来分析一下 TCP 头的格式以及每一个字段的含义，图 9.7 所示为 TCP 包格式。

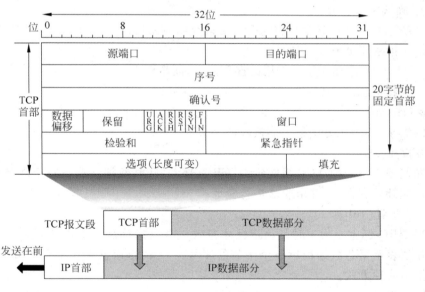

图 9.7　TCP 包格式

（1）端口号［16b］。

众所周知，网络实现的是不同主机的进程间通信。在一个操作系统中有很多进程，当数据到来时要提交给哪个进程进行处理呢？这就需要用到端口号。

在 TCP 头中,有源端口号和目的端口号。源端口号标识了发送主机的进程,目的端口号标识接收方主机的进程。

(2) 序号[32b]。

序号分为发送序号和确认序号。

① 发送序号。用来标识从 TCP 源端向 TCP 目的端发送的数据字节流,它表示在这个报文段中的第一个数据字节的顺序号。如果将字节流看作在两个应用程序间的单向流动,则 TCP 用顺序号对每个字节进行计数。序号是 32b 的无符号数,序号到达 $2^{32}-1$ 后又从 0 开始。当建立一个新的连接时,SYN 标志变 1,顺序号字段包含由这个主机选择的该连接的初始顺序号 ISN(Initial Sequence Number)。

② 确认序号。包含发送确认的一端所期望收到的下一个顺序号。因此,确认序号应当是上次已成功收到数据字节顺序号加 1。只有 ACK 标志为 1 时确认序号字段才有效。TCP 为应用层提供全双工服务,这意味着数据能在两个方向上独立地进行传输。因此,连接的每一端必须保持每个方向上的传输数据顺序号。

(3) 数据偏移[4b]。

这里的偏移实际指的是 TCP 首部的长度。

(4) 保留[6b]。

目前没有使用,它的值都为 0。

(5) 标志[6b]。

在 TCP 首部中有 6 个标志位。

URG　紧急指针有效。

ACK　确认序号有效。

PSH　指示接收方应该尽快将这个报文段交给应用层而不用等待缓冲区装满。

RST　一般表示断开一个连接。

SYN　TCP/IP 建立连接时使用的握手信号,同步标志。

LIN　结束标志。

(6) 窗口[16b]。

窗口的大小,表示源方法最多能接收的字节数。

(7) 检验和[16b]。

检验和覆盖了整个的 TCP 报文段:TCP 首部和 TCP 数据。这是一个强制性的字段,一定是由发端计算和存储,并由收端进行验证。

(8) 紧急指针[16b]。

只有当 URG 标志置为 1 时紧急指针才有效。紧急指针是一个正的偏移量,和序号字段中的值相加表示紧急数据最后一个字节的序号。TCP 的紧急方式是发送端向另一端发送紧急数据的一种方式。

(9) TCP 选项。

这是可选的,在后面抓包时再看它的数据表示。

2) 三次握手建立连接

(1) 请求端(通常称为客户)发送一个 SYN 段指明客户打算连接的服务器端口以及初始序号。这个 SYN 段为报文段 1。

（2）服务器发回包含服务器初始序号的 SYN 报文段（报文段 2）作为应答。同时，将确认序号设置为客户的 ISN＋1 以对客户的 SYN 报文段进行确认。一个 SYN 将占用一个序号。

（3）客户必须将确认序号设置为服务器的 ISN＋1，以对服务器的 SYN 报文段进行确认（报文段 3）。

这 3 个报文段完成连接的建立。这个过程也称为三次握手，如图 9.8 所示。

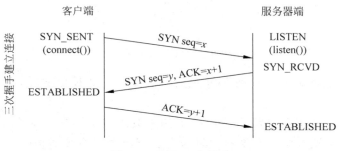

图 9.8　TCP 三次握手

TCP 三次握手过程如下。

第一次握手：客户端发送 syn 包（seq＝x）到服务器，并进入 SYN_SEND 状态，等待服务器确认。

第二次握手：服务器收到 syn 包，必须确认客户的 SYN（ack＝x＋1），同时自己也发送一个 SYN 包（seq＝y），即 SYN＋ACK 包，此时服务器进入 SYN_RECV 状态。

第三次握手：客户端收到服务器的 SYN＋ACK 包，向服务器发送确认包 ACK（ack＝y＋1），此包发送完毕，客户端和服务器进入 ESTABLISHED 状态，完成三次握手。

握手过程中传送的包里不包含数据，三次握手完毕后，客户端与服务器才正式开始传送数据。理想状态下，TCP 连接一旦建立，在通信双方中的任何一方主动关闭连接之前，TCP 连接都将被一直保持下去。

3）四次挥手断开连接

（1）现在的网络通信都是基于 Socket 实现的，当客户端将自己的 Socket 关闭时，内核协议栈会向服务器自动发送一个 FIN 置位的包，请求断开连接。将首先发起断开请求的一方称为主动断开方。

（2）服务器端收到客户端的 FIN 断开请求后，内核协议栈会立即发送一个 ACK 包作为应答，表示已经收到客户端的请求。

（3）服务器运行一段时间后，关闭了自己的 Socket。这时内核协议栈会向客户端发送一个 FIN 置位的包，请求断开连接。

（4）客户端收到服务器端发来的 FIN 断开请求后，会发送一个 ACK 做出应答，表示已经收到服务器端的请求。

图 9.9 所示为 TCP 四次挥手。

第一次挥手：主动关闭方发送一个 FIN，用来关闭主动方到被动关闭方的数据传送，也就是主动关闭方告诉被动关闭方：我已经不会再给你发数据了，但此时主动关闭方还可以接收数据。

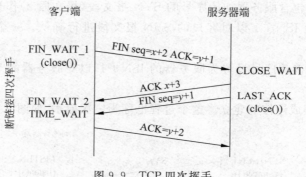

图 9.9　TCP 四次挥手

第二次挥手：被动关闭方收到 FIN 包后，发送一个 ACK 给对方，确认序号为收到序号＋1。

第三次挥手：被动关闭方发送一个 FIN，用来关闭被动关闭方到主动关闭方的数据传送，也就是告诉主动关闭方，我的数据也发送完了，不会再给你发数据了。

第四次挥手：主动关闭方收到 FIN 后，发送一个 ACK 给被动关闭方，确认序号为收到序号＋1，至此，完成四次挥手。

4）TCP 可靠性的保证

TCP 采用一种名为"带重传功能的肯定确认"的技术作为提供可靠数据传输服务的基础。这项技术要求接收方收到数据之后向源站回送确认信息 ACK。发送方对发出的每个分组都保存一份记录，在发送下一个分组之前等待确认信息。发送方还在送出分组的同时启动一个定时器，并在定时器的定时期满而确认信息还没有到达的情况下，重发刚才发出的分组。

9.2.2　Socket 编程

1. Socket 基本函数

Linux 系统是通过提供套接字（Socket）来进行网络编程的。网络的 Socket 数据传输是一种特殊的 I/O，Socket 也是一种文件描述符。Socket 有一个类似于打开文件的函数，即 socket()，调用 socket()，该函数返回一个整型的 Socket 描述符，随后的连接建立、数据传输等操作也都是通过该 Socket 实现。

1）socket 函数

```
int socket(int domain, int type, int protocol);
```

功能说明：调用成功，则返回 Socket 文件描述符；失败，则返回－1。

参数说明：

① domain 指明所使用的协议族，通常为 PF_INET，表示 TCP/IP 协议。

② type 参数指定 Socket 的类型，基本上有 3 种，即数据流套接字、数据报套接字、原始套接字。

③ protocol 通常赋值"0"。

　　两个网络程序之间的一个网络连接包括 5 种信息，即通信协议、本地协议地址、本地主机端口、远端主机地址和远端协议端口。Socket 数据结构中包含这 5 种信息。

　　2）bind 函数

```
int bind( int sock_fd,struct sockaddr_in * my_addr, int addrlen);
```

　　功能说明：将套接字和指定的端口相连。成功则返回 0；否则，返回−1。

　　参数说明：

　　① sock_fd 是调用 socket 函数返回值。

　　② my_addr 是一个指向包含有本机 IP 地址及端口号等信息的 sockaddr 类型的指针。struct sockaddr_in 结构类型是用来保存 Socket 信息的，代码如下：

```
struct sockaddr_in {
          short int sin_family;
          unsigned short int sin_port;
          struct in_addr sin_addr;
          unsigned char sin_zero[8];
          };
```

　　③ addrlen 为 sockaddr 的长度。

　　3）connect 函数

```
int connect( int sock_fd, struct sockaddr * serv_addr,int addrlen);
```

　　功能说明：客户端发送服务请求。成功则返回 0；否则，返回−1。

　　参数说明：

　　① sock_fd 是 socket 函数返回的 Socket 描述符。

　　② serv_addr 是包含远端主机 IP 地址和端口号的指针。

　　③ addrlen 是结构 sockaddr_in 的长度。

　　4）listen 函数

```
int listen( int sock_fd,int backlog);
```

　　功能说明：等待指定的端口出现客户端连接。调用成功则返回 0；否则，返回−1。

　　参数说明：

　　① sock_fd 是 socket 函数返回值。

　　② backlog 指定在请求队列中允许的最大请求数。

　　5）accept 函数

```
int accept( int sock_fd, struct sockadd_in * addr, int addrlen);
```

　　功能说明：用于接受客户端的服务请求。成功则返回新的套接字描述符；失败则返回−1。

　　参数说明：

　　① sock_fd 是被监听的 Socket 描述符。

　　② addr 通常是一个指向 sockaddr_in 变量的指针。

　　③ addrlen 是结构 sockaddr_in 的长度。

6) write 函数

ssize_t write(int fd,const void *buf,size_t nbytes)

功能说明：write 函数将 buf 中的 nbytes 字节内容写入文件描述符 fd。成功则返回写的字节数；失败则返回-1。

在网络程序中,当向套接字文件描述符写时有以下两种可能。

(1)write 的返回值大于 0,表示写了部分或者是全部的数据。

(2)返回的值小于 0,此时出现了错误。需要根据错误类型来处理。

如果错误为 EINTR,表示在写的时候出现了中断错误。

如果错误为 EPIPE,表示网络连接出现了问题。

7) read 函数

ssize_t read(int fd,void *buf,size_t nbyte)

函数说明：read 函数负责从 fd 中读取内容。当读成功时,read 返回实际所读的字节数,如果返回的值是 0 表示已经读到文件的结束了,如果小于 0 则表示出现了错误。

如果错误为 EINTR,说明读是由中断引起的。

如果错误是 ECONNREST,表示网络连接出了问题。

8) close 函数

int close(sock_fd);

说明：当所有的数据操作结束后,可以调用 close 函数来释放该 socket,从而停止在该 socket 上的任何数据操作：函数运行成功则返回 0;否则返回-1。

2. Socket 编程的其他函数说明

1) 网络字节顺序及其转换函数

(1) 网络字节顺序。

每一台机器内部对变量的字节存储顺序不同,而网络传输的数据是一定要统一顺序的。所以对内部字节表示顺序与网络字节顺序不同的机器,一定要对数据进行转换,从程序的可移植性要求来讲,就算本机的内部字节表示顺序与网络字节顺序相同,也应该在传输数据以前先调用数据转换函数,以便程序移植到其他机器上后能正确执行。转换还是不转换是由系统函数自己来决定的。

(2) 网络字节转换函数。

① unsigned short int htons(unsigned short int hostshort)：主机字节顺序转换成网络字节顺序,对无符号短型进行操作,4B。

② unsigned long int htonl(unsigned long int hostlong)：主机字节顺序转换成网络字节顺序,对无符号长型进行操作,8B。

③ unsigned short int ntohs(unsigned short int netshort)：网络字节顺序转换成主机字节顺序,对无符号短型进行操作,4B。

④ unsigned long int ntohl(unsigned long int netlong)：网络字节顺序转换成主机字节顺序,对无符号长型进行操作,8B。

注：以上函数原型定义在 netinet/in. h 里。

2）IP 地址转换

有 3 个函数可以将数字点形式表示的字符串 IP 地址与 32 位网络字节顺序的二进制形式的 IP 地址进行转换。

（1）unsigned long int inet_addr(const char * cp)：该函数把一个用数字和点表示的 IP 地址的字符串转换成一个无符号长整型。例如：

```
struct sockaddr_in ina
ina. sin_addr. s_addr = inet_addr("202.206.17.101")
```

该函数成功时返回转换结果；失败时返回常量 INADDR_NONE。该常量为－1。二进制的无符号整数－1 相当于 255.255.255.255,这是一个广播地址,所以在程序中调用 iner_addr()时,一定要人为地对调用失败进行处理。由于该函数不能处理广播地址,所以在程序中应该使用函数 inet_aton()。

（2）int inet_aton(const char * cp,struct in_addr * inp)：此函数将字符串形式的 IP 地址转换成二进制形式的 IP 地址。成功时返回 1；否则返回 0。转换后的 IP 地址存储在参数 inp 中。

（3）char * inet_ntoa(struct in-addr in)：将 32 位二进制形式的 IP 地址转换为数字点形式的 IP 地址,结果在函数返回值中返回,返回的是一个指向字符串的指针。

3）字节处理函数

Socket 地址是多字节数据,不是以空字符结尾的,这和 C 语言中的字符串是不同的。Linux 提供了两组函数来处理多字节数据,一组以 b(byte)开头,是和 BSD 系统兼容的函数,另一组以 mem(内存)开头,是 ANSI C 提供的函数。

（1）以 b 开头的函数有以下几个。

① void bzero(void * s,int n)：将参数 s 指定的内存的前 n 个字节设置为 0,通常它用来将套接字地址清 0。

② void bcopy(const void * src,void * dest,int n)：从参数 src 指定的内存区域复制指定数目的字节内容到参数 dest 指定的内存区域。

③ int bcmp(const void * s1,const void * s2,int n)：比较参数 s1 指定的内存区域和参数 s2 指定的内存区域的前 n 个字节内容。如果相同则返回 0；否则返回非 0。

注：以上函数的原型定义在 strings. h 中。

（2）以 mem 开头的函数有以下几个。

① void * memset(void * s,int c,size_t n)：将参数 s 指定的内存区域的前 n 个字节设置为参数 c 的内容。

② void * memcpy(void * dest,const void * src,size_t n)：功能同 bcopy(),区别是函数 bcopy()能处理参数 src 和参数 dest 所指定的区域有重叠的情况,而 memcpy()则不能。

③ int memcmp(const void * s1,const void * s2,size_t n)：比较参数 s1 和参数 s2 指定区域的前 n 个字节内容。如果相同则返回 0；否则返回非 0。

注：以上函数的原型定义在 string. h 中。

4）程序说明

使用 TCP 协议进行通信、服务端进行监听，在收到客户端的连接后，发送数据给客户端；客户端在接收到数据后打印出来，然后关闭。

（1）client. c。

```c
#include <stdlib.h>
#include <sys/types.h>
#include <stdio.h>
#include <sys/socket.h>
#include <netinet/in.h>
#include <string.h>

int main()
{
    int cfd;
    int recbytes;
    int sin_size;
    char buffer[1024] = {0};
    struct sockaddr_in s_add,c_add;
    unsigned short portnum = 0x8888;
    printf("Hello,welcome to client !\r\n");

    cfd = socket(AF_INET, SOCK_STREAM, 0);
    if( -1 == cfd)
    {
        printf("socket fail ! \r\n");
        return -1;
    }
    printf("socket ok !\r\n");
    bzero(&s_add,sizeof(struct sockaddr_in));
    s_add.sin_family = AF_INET;
    s_add.sin_addr.s_addr = inet_addr("192.168.1.2");
    s_add.sin_port = htons(portnum);
    printf("s_addr = %#x ,port : %#x\r\n",s_add.sin_addr.s_addr,s_add.sin_port);
    if( -1 == connect(cfd,(struct sockaddr * )(&s_add), sizeof(struct sockaddr)))
    {
        printf("connect fail !\r\n");
        return -1;
    }
    printf("connect ok !\r\n");
    if( -1 == (recbytes = read(cfd,buffer,1024)))
    {
        printf("read data fail !\r\n");
        return -1;
    }
    printf("read ok\r\nREC: \r\n");

    buffer[recbytes] = '\0';
    printf("%s\r\n",buffer);

    getchar();
```

```
        close(cfd);
        return 0;
}
```

（2）server. c。

```c
# include < stdlib. h>
# include < sys/types. h>
# include < stdio. h>
# include < sys/socket. h>
# include < netinet/in. h>
# include < string. h>

int main()
{
    int sfp, nfp;
    struct sockaddr_in s_add, c_add;
    int sin_size;
    unsigned short portnum = 0x8888;

    printf("Hello, welcome to my server ! \r\n");
    sfp = socket(AF_INET, SOCK_STREAM, 0);
    if( - 1 ==  sfp)
    {
            printf("socket fail ! \r\n");
              return - 1;
    }
    printf("socket ok !\r\n");
    bzero(&s_add, sizeof(struct sockaddr_in));
    s_add. sin_family = AF_INET;
    s_add. sin_addr. s_addr = htonl( INADDR_ANY);
    s_add. sin_port = htons(portnum);
    if( - 1 ==  bind(sfp, (struct sockaddr * )(&s_add),  sizeof(struct sockaddr)))
    {
            printf("bind fail !\r\n");
            return - 1;
    }
    printf("bind ok !\r\n");
    if( - 1 ==  listen(sfp, 5))
    {
            printf("listen fail !\r\n");
            return - 1;
    }
    printf("listen ok\r\n");

    while(1)
    {
        sin_size = sizeof(struct sockaddr_in);
        nfp = accept(sfp, (struct sockaddr * )(&c_add), &sin_size);
        if( - 1 ==  nfp)
        {
                printf("accept fail !\r\n");
                return - 1;
        }
```

```
    printf("accept ok!\r\nServer start get connect from % # x : % # x\r\n",ntohl(c_add.sin_
addr.s_addr),ntohs(c_add.sin_port));
        if( -1 == write(nfp,"hello,welcome to my server \r\n",32))
        {
            printf("write fail!\r\n");
            return -1;
        }
        printf("write ok!\r\n");
        close(nfp);
    }
    close(sfp);
    return 0;
}
```

在 cygwin 下,使用 gcc 命令编译,代码如下:

```
gcc - o server server.c
gcc - o client client.c
```

然后运行程序:

```
./server
./client
```

server 执行效果如下:

```
Hello,welcome to my server !
socket ok !
bind ok !
listen ok
accept ok!
Server start get connect from 0xc0a80102 : 0xc927
write ok!
```

client 执行效果如下:

```
Hello,welcome to client !
socket ok !
s_addr = 0x201a8c0 ,port : 0x8888
connect ok !
read ok
REC:
hello,welcome to my server
```

9.2.3 485 通信协议

1. 数据传输协议

此协议定义了一个控制器能认识使用的消息结构,而不管它们是经过何种网络进行通信的。它描述了一控制器请求访问其他设备的过程,如何回应来自其他设备的请求,以及怎样侦测错误并记录。它制定了消息域格局和内容的公共格式。

此协议决定了每个控制器需要知道它们的设备地址,识别按地址发来的消息,决定要产生何种行动。如果需要回应,控制器将生成反馈信息按本协议发出。

1) 数据在网络上转输

控制器通信使用主—从技术,即仅主设备能初始化传输(查询),从设备根据主设备查询提供的数据做出相应反应。

主设备可单独和从设备通信,也能以广播方式和所有从设备通信。如果单独通信,从设备返回一消息作为回应,如果是以广播方式查询的,则从设备不作任何回应。协议建立了主设备查询的格式:设备(或广播)地址、功能代码、所有要发送的数据、错误检测域。从设备回应消息也由协议构成,包括确认要行动的域、任何要返回的数据和错误检测域。如果在消息接收过程中发生一错误(无相应的功能码),或从设备不能执行其命令,从设备将建立一错误消息并把它作为回应发送出去。

2) 在对等类型网络上转输

在对等网络上,控制器使用对等技术通信,故任何控制都能初始化和其他控制器的通信。这样在单独的通信过程中,控制器既可作为主设备也可作为从设备。

在消息位,本协议仍提供了主—从原则,尽管网络通信方法是"对等",如果一控制器发送一消息,它只是作为主设备,并期望从设备得到回应。同样,当控制器接收到一消息,它将建立一从设备回应格式,并返回给发送的控制器。

3) 查询—回应周期

(1) 查询。

查询消息中的功能代码告之被选中的从设备要执行何种功能。数据段包含了从设备要执行功能的任何附加信息。错误检测域为从设备提供了一种验证消息内容是否正确的方法。

(2) 回应。

如果从设备产生一正常的回应,在回应消息中的功能代码是在查询消息中的功能代码的回应。数据段包括了从设备收集的数据。如果有错误发生,功能代码将被修改以用于指出回应消息是错误的,同时数据段包含了描述此错误信息的代码。错误检测域允许主设备确认消息内容是否可用。

2. 传输方式

控制器能设置传输模式为 RS485 串行传输,通信参数为"9600,n,8,1"。在配置每个控制器的时候,在一个网络上的所有设备都必须选择相同的串口参数。

地址　功能代码　数据数量　数据 1　…　数据 n CRC 字节

每个字节的位:

- 1 个起始位。
- 8 个数据位,最小的有效位先发送。
- 1 个停止位。

错误检测域:

- CRC(循环冗余码校验)。

3. 消息帧

1）帧格式

传输设备将消息转化为有起点和终点的帧,这就允许接收的设备在消息起始处开始工作,读地址分配信息,判断哪一个设备被选中(广播方式则传给所有设备),判知何时信息已完成。错误消息也能侦测到并能返回结果。

消息发送至少要以 10ms 时间的停顿间隔开始。传输的第一个域是设备地址。网络设备不断侦测网络总线,包括停顿间隔时间内。当第一个域(地址域)接收到时,每个设备都进行解码以判断是否是发给自己的。在最后一个传输字符之后,一个至少 10ms 时间的停顿标定了消息的结束。一个新的消息可在此停顿后开始。

整个消息帧必须作为一连续的流传输。如果在帧完成之前有超过 5ms 的停顿时间,接收设备将刷新不完整的消息并假定下一字节是一个新消息的地址域。同样地,如果一个新消息在小于 5ms 的时间内接着前个消息开始,接收的设备将认为它是前一消息的延续。这将导致一个错误,因为在最后的 CRC 域的值不可能是正确的。一个典型的消息帧如表 9.3 所示。

表 9.3　消息帧

起始间隔	设备地址	功能代码	数据数量及数据	CRC 校验	结束

2）地址域

消息帧的地址域包含一个 8bit 字符。可能的从设备地址是 0…247(十进制)。单个设备的地址范围是 1～247。主设备通过将要联络的从设备的地址放入消息中的地址域来选通从设备。当从设备发送回应消息时,也把自己的地址放入回应的地址域中,以便主设备知道是哪一个设备做出回应。

地址 0 用作广播地址,以使所有的从设备都能认识。

3）处理功能域

消息帧中的功能代码域包含了一个 8bit 字符。可能的代码范围是十进制的 1…255。当然,有些代码是适用于所有控制器,有些是应用于某种控制器,还有些保留以备后用。

当消息从主设备发往从设备时,功能代码域将告诉从设备需要执行哪些行为。例如,去读取当前检测量的值或开关状态,读从设备的诊断状态,允许调入、记录、校验在从设备中的程序等。

当从设备回应时,它使用功能代码域来指示是正常回应(无误)还是有某种错误发生(称为异议回应)。对正常回应,从设备仅回应相应的功能代码。对异议回应,从设备返回一等同于正常代码的代码,但功能代码的最高位为逻辑 1。

例如,一从主设备发往从设备的消息要求读一组保持寄存器,将产生以下功能代码:

0 0 0 0 0 0 1 1(十六进制 03H)

对正常回应,从设备仅回应同样的功能代码。对异议回应,它返回:

1 0 0 0 0 0 1 1(十六进制 83H)

除功能代码因异议错误作了修改外,从设备将一独特的代码放到回应消息的数据域中,这能告诉主设备发生了什么错误。

主设备应对程序得到异议的回应后,典型的处理过程是重发消息,或者诊断发给从设备的消息并报告给操作员。

4）数据域

从主设备发给从设备消息的数据域包含附加的信息:从设备用于进行执行由功能代码所定义的行为所必需的数据。

如果没有错误发生,从设备返回的数据域包含请求的数据。如果有错误发生,此域包含一个异议代码,主设备应用程序可以用来判断采取下一步行动。

在某种消息中数据域可以是 0 长度。例如,主设备要求从设备回应通信事件记录,从设备回应不需任何附加的信息。

数据域最长为 70B。

5）错误检测域

错误检测域包含一 8bit 字符。错误检测域的内容是通过对消息内容进行循环冗长检测方法得出的。CRC 域附加在消息的最后,故 CRC 字节是发送消息的最后一个字节。

4. 错误检测方法

1）超时检测

用户要给主设备配置一预先定义的超时时间间隔,这个时间间隔要足够长,以使任何从设备都能作为正常反应。如果从设备检测到一传输错误,消息将不会接收,也不会向主设备做出回应。这样超时事件将触发主设备来处理错误。发往不存在的从设备的地址也会产生超时。

2）CRC 检测

CRC 域是一个字节,检测了整个消息的内容。它由传输设备计算后加入到消息中。接收设备重新计算收到消息的 CRC,并与接收到的 CRC 域中的值相比较,如果两值不同,则有误,从设备对本消息不做回应。

通信网络只设有一个主机,所有通信都由它发起。网络可支持大于 254 个远程从属控制器,但实际所支持的从机数要由所用通信设备决定。

9.2.4　协议设定

（1）嵌入式技术与管理平台服务器的通信协议。

主机指令格式如图 9.10 所示。

回复指令格式操作如下。

① 指令操作成功。

{［ZigBee 的 mac 地址］reqstatus＝success ＆ value＝采集到的数据 ＆ }

例如,{［00124B00061C8750］reqstatus＝success ＆ value＝130|3.5V ＆ }表示光照度传感器。

指令类型说明	头标志	MAC 地址段			内核指令段								结尾标志
					首指令区				附加指令区				
		起始标志	MAC 地址	结束标志	指令名称	连接符	指令值	单指令名结束标志	指令名称	连接符	指令值	单指令名结束标志	
读值指令	{	[	ZigBee 的 MAC 地址	]	command	=	value_get	&		=			}
设置状态指令							status_set		status	=	open 或者 close	&	

图 9.10　主机指令格式

{［00124B00061C8751］} reqstatus＝success & value＝open 或者 close& }表示开关节点状态。

② 指令操作失败：下端节点不存在错误。

{［00124B00061C8750］reqstatus＝failed & info＝node_nodata & }：该节点数据不存在。

{［00124B00061C8750］reqstatus＝failed & info＝serialcom_failed & }：串口通信失败。

③ 指令格式类型错误。

{［00124B00061C8750］reqstatus＝failed & info＝format_wrong & }：指令名错误。

{［00124B00061C8750］reqstatus＝failed & info＝value_failed & }：指令值错误。

{［MacLenError］reqstatus＝failed & }：长度不对。

{［MacError］reqstatus＝failed & }：格式不对。

表 9.4 是远程客户端协议表。

表 9.4　远程客户端协议表

客户机发送	服务器回复
登录验证： {LOGIN：user＝user_name& secret＝sec&}	{LOGIN：result＝success&prioritycount＝n&priority＝[b1,s1,p]｜[]｜[]…&}
	{LOGIN：result＝failed&}用户名或密码验证失败
业务资源下载： {DOWNLOAD：businessID＝d&}	{DOWNLOAD_FILE：result＝success&businessID＝d&filename＝name&filesize＝d&filecontent＝[]&}
	{DOWNLOAD_NODE：resule＝success&businessID＝d&areaID＝d&mac＝d&name＝d&value＝d&unit＝d&type＝d&}
	{DOWNLOAD_FILE：result＝failed&businessID＝d&}资源不存在
	{DOWNLOAD_NODE：result＝failed&businessID＝d&}节点信息不存在
	{DOWNLOAD_NODE：finish&}节点信息发送完毕

续表

客户机发送	服务器回复
业务资源更新： {BUSINESS_UPDATE：businessID=d&}	{BUSINESS_UPDATE：result=success&businessID=d&areaID=d&mac=d&value=d&}
	{BUSINESS_UPDATE：result=failed&businessID=d&}
业务次区域更新： {SUBAREA_UPDATE：businessID=d&areaID=d&}	{SUBAREA_UPDATE：result=success&businessID=d&areaID=d&mac=d&value=d&}
	{SUBAREA_UPDATE：result=failed&businessID=d&areaID=d&}
节点控制： {NODE_CONTROL：businessID=d&breaID=d&mac=d&operation=open/close&}	{NODE_CONTROL：result=success&businessID=d&areaID=d&mac=d&value=open/close&}
	{NODE_CONTROL：result=failed&businessID=d&areaID=d&mac=d&}
节点更新： {NODE_UPDATE：businessID=d&areaID=d&mac=d&}	{NODE_UPDATE：result=success&businessID=d&areaID=d&mac=d&value=val&}
	{NODE_UPDATE：result=failed&businessID=d&areaID=d&mac=d&}
底层业务有变动：通知客户系统信息有变动，请检查是否需要重新下载数据；否则查看和更新可能会失败	{SYSTEM_UPDATE：businessID=d&areaID=d/ALL&}
用户注册信息： {REGISTER：USERNAME=d&PASSWORD=d&NAME=d&IDCARD=d&PHONE=d&EMAIL=d&}	
心跳包：{HEART}	

（2）管理平台服务器与远程客户端的通信协议。

9.3　组成与方案

基于 ZigBee 的元丰村物联网三网合一采用数据采集层、传输层和远程监控中心 3 级网络架构组成。数据采集层采用 RS485 有线网络结合 ZigBee 无线传感器网络作为农田环境感知终端，完成 3 块目标检测区域温度、湿度、光照、CO_2 等环境数据采集与设备控制的工作；并将采集到的数据上传到嵌入式网关节点。嵌入式技术采用天嵌科技公司 QT210 开发板，作为远程服务器。嵌入式网关节点作为数据传输层，主要负责监听远程客户端的访问请求和接收各区域采集的环境参数，通过对请求指令的解析完成对远程控制模块发出命令，实现对设备的控制和设备状态的反馈；并将接收到的环境参数通过 TCP/IP 协议发送到监控中心。远程客户中心采用 VC 开发环境编辑客户端程序。远程控制中心通过网络访问、存储、分析、展示目标检测区域中的数据，实现可视化、智能化管理。系统总体结构如图 9.11 所示。

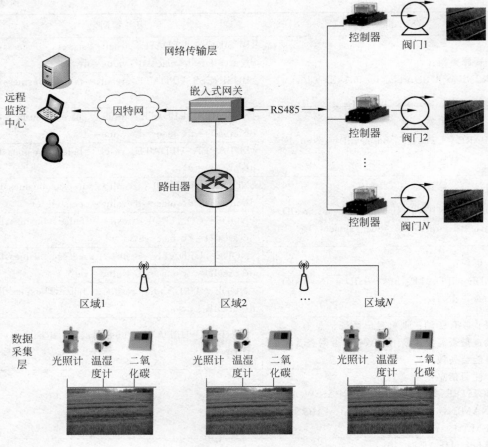

图 9.11　系统总体结构

9.4　实施方案

本节对农田灌溉远程监控系统主要实现灌溉节点的远程控制及节点状态的实时监测。状态实时监测以灌溉泵站为单位进行,对泵站灌溉范围内所有的阀门节点进行检测;远程控制以阀门节点为单位,通过客户端页面的单击操作,实现阀门开闭控制。根据实际应用分析,系统需要实现以下功能。

(1) 泵站的配置。由于平台是一个多用户系统,不同用户管理不同的泵站,泵站现场控制器的布置结构也不同。因此,用户在平台上完成注册后,首先要设置所管理的泵站编号及节点个数。

(2) 远程控制与实时监测。为保证系统的亲和性和准确性,用户操作界面设计为图形化模式,根据用户提供的现场节点分布图,生成基于 SVG 的控件图,图上的每一个节点与灌溉现场节点的实际位置相当。

　　本系统主要有三大功能模块,即用户、系统功能和区域信息。其中用户主要是用于对当前在线用户、用户注册进行管理。系统功能主要有 3 个部分,即系统管理员、系统信息和系统日志。区域信息功能主要有 3 个子功能,即区域管理、区域添加和数据分析。具体的细节分析如下。

　　用户管理模块是农业环境监控系统中必不可少的功能模块。用户管理模块通常包括用户登录和密码修改等功能。系统登录界面如图 9.12 所示。

图 9.12　系统登录界面

　　区域管理模块主要完成各区域节点的控制和管理,方便用户对各农田设备的集中管理。该部分利用 Socket 连接协议链接区域,连接后能自动显示对该区域阀门、电机以及视频情况进行监测查看,并利用 Listcontrol 组件对阀门状态、电机状态以及视频点进行管理和控制。图 9.13 所示为区域管理模块界面。

　　区域添加模块主要实现对该区域部分的添加,并保存在数据库中,包括阀门、电机以及视频摄像头等器件。当打开区域管理模块后,可对区域信息进行选择,区域信息将会自动添加到管理模块。图 9.14 所示为区域添加模块界面。

　　数据分析主要实现对信息的管理和统计,设置不同的时间段,可对该时间段的信息进行统计,包括操作人员、用水总量、设备类型以及设备编号、状态的查询和保存。保存后,区域的信息将以.ini 的文本格式存储于本地。图 9.15 所示为数据分析模块界面。

　　系统信息模块主要对系统信息进行统计,包括信息管理员、该系统的版本号、用户信息、系统信息以及区域信息的统计。该部分是对系统所有信息的整合。图 9.16 所示为系统信息模块界面。

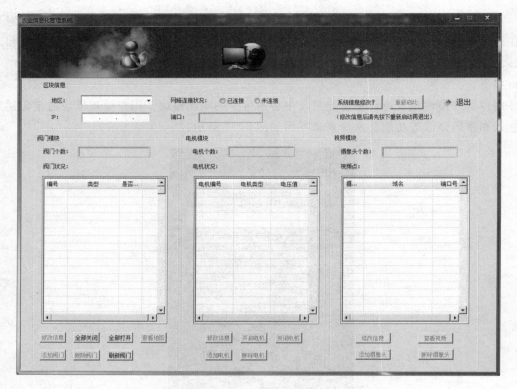

图 9.13 区域管理模块界面

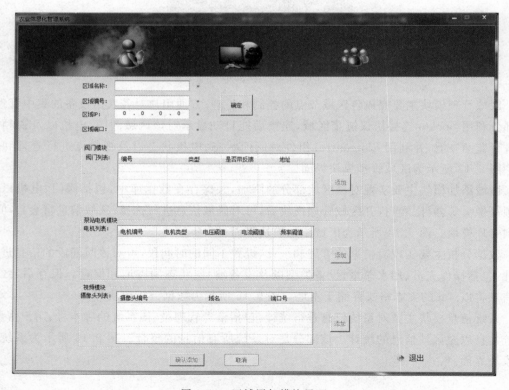

图 9.14 区域添加模块界面

图 9.15　数据分析模块界面

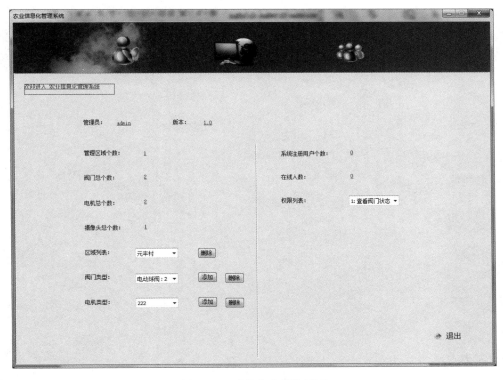

图 9.16　系统信息模块界面

9.5 应用价值

本案例通过传感器设备实时采集温室内各环境数据，采集到终端节点，利用 ZigBee 自建的网络，将数据发送给协调器并利用 485 总线再将数据发送给网关，网关最后将采集到的实时数据传送给服务器，从而实现实时监测功能，能够实时地采集到相应的空气温湿度、土壤温湿度、CO_2 浓度等数据，传送回服务器端，用户可以利用客户端实时查阅监测，并能够远程控制水阀、排风机、卷帘机的开关等，从而达到智能管理农场的效果。农户使用手机 App 或是计算机客户端登录系统后，可以实时查询温室内的各项信息数据，对相应的喷灌、滴管、卷帘等设备能够进行控制，可应用于各大农业种植生产基地。

以帮助农民及时发现问题，并且准确地确定发生问题的位置，这样农业将逐渐地从以人力为中心、依赖于孤立机械的生产模式转向以信息和软件为中心的生产模式，从而大量使用各种自动化、智能化、远程控制的生产设备。

第 10 章
CHAPTER 10

农村水利灌溉区块控制系统开发实例

10.1　案例背景

精细农业是 21 世纪农业发展的主要方向,开展精细农业的研究与实践,对改变我国传统的农业生产方式,提高我国农业生产的技术水平和可持续发展有重要意义。

美国在 20 世纪 80 年代初开发了一套能够节约水资源的灌溉系统,其阀门的打开与否是通过监测土壤水分来决定的。Phena 在灌溉系统中使用了土壤湿度传感器,通过传输农田中的土壤温湿度信息给控制系统,系统再根据农田中的温湿度数据决定采用哪种灌溉策略,使农田始终保持着农作物生长的最合理的湿度。所设计的灌溉系统其工作得好坏情况主要取决于硬件设计是否系统化、是否采用可靠的温湿度传感器、控制系统是否采用合理的算法等。由于当时传感器技术比较落后,此套系统没有达到预期效果,因而也没有广泛应用。

以色列农田灌溉技术非常具有代表性。目前以色列农业土地基本上采用智能的自动化灌溉管理,能将水、肥及时适量地送入农田,这有效地利用了水资源并且提高了作物的产量。在以色列,农民可以在家里利用计算机进行全程的灌溉监控,灌溉间隔时间可以远程设定,操作方便。由于其采用的传感器技术比较先进,因此能够高精度地对灌溉过程进行控制。适用于较大面积的果园、农田、公园绿地、草场等自动化灌溉系统。

但是这些产品价格昂贵,不能在我国的农业中大面积使用,并且其中大部分产品,只能对数据进行采集,并不能对系统实现相应的控制,其只能在一定的场合中应用,并且系统没有很好地采用低功耗措施。

自动灌溉控制技术在我国起步比较晚,并且一直处于十分落后的状态,大部分的农业基本上直接采用漫灌的方式。20 世纪 90 年代,一些科技发达的地区一部分农田采用了相应的自动灌溉措施,但是由于当时技术落后,大部分产品只是实现了半自动化的控制,并没有实现对农田的精准灌溉,21 世纪初才开始了真正意义上的精准灌溉的研究,并且其自动控制系统的开发大部分处于实验室研制或者试用阶段,还不能实际投入应用。

农田水利设施供给关系是农业生产的重要环节,其供给状况直接影响农业生产的产出效益。本书针对目前农业用水普遍浪费的问题,利用嵌入式技术实现灌溉节点的控制,搭建远程节水灌溉控制平台,实现灌溉节点的远程统一管理,提高管理者的工作效率,集中式管理有助于减少水资源的浪费。

10.2　Visual Basic 系统

　　Visual Basic 是一种由微软公司开发的结构化的、模块化的、面向对象的、包含以协助开发环境的事件驱动为机制的可视化程序设计语言。从任何标准来说,Visual Basic 是世界上使用人数最多的语言。它源自 BASIC 编程语言,其开发的应用程序的运行采用事件驱动原理在 Visual Basic 代码窗口输入代码时,对 Visual Basic 中对象的属性、方法、内置函数和已定义的自定义函数等能自动给出拼写提示,这样可大大减轻编程人员的记忆量,程序员可以轻松地使用 Visual Basic 提供的组件快速建立一个应用程序。

　　Visual Basic 是一个集成开发环境,能编程、调试和运行程序,也能生成可执行程序。用 Visual Basic 可以方便地开发出应用于数学计算、字符处理、数据库管理、图形图像处理及 Internet 等各种类型的应用软件。Visual Basic 的主要特点如下。

　　(1) 可视界面。系统提供了大量的“界面”元素,可以直观、动态地调整大小和位置,是面向对象的可视化程序设计,可以自动生成在屏幕上显示界面的代码。用户只需编写少量的程序代码,就可以快速地开发标准的 Windows 应用程序。

　　(2) 面向对象。把数据和处理数据的代码封装在 frm 程序中,形成一个个可视的图形对象,用户只需设计这些图形对象。

　　(3) 事件驱动。单击鼠标、双击鼠标、移动鼠标、改变时间、改变大小等都称为事件。事件发生时,程序才执行;没有事件发生,则程序处于等待状态。

　　(4) 它是一种结构化程序设计语言,具有高级程序设计语言的语句结构和数据结构。

　　(5) 它可以对多种数据库系统进行访问,利用数据库控件可以访问 Access、Server 等。

　　(6) 支持对象的链接与嵌入。Visual Basic 能把其他 Windows 应用程序视为对象,嵌入 Visual Basic 应用程序中,便于更好地处理程序。

　　(7) 支持动态链接库。在 Visual Basic 应用程序中能调用 C++、汇编程序编写的函数和 API 函数。

　　(8) 支持建立用户自己的 ActiveX 控件,可以创建新控件、增加控件属性。

　　下面介绍硬件及开发环境的搭建。

　　系统开发在 Ubuntu 12.04LTS 版本上,嵌入式平台选用天嵌科技的 TQ210 开发板,控制设备选用带有 RS485 通信线的一进一出控制器。TQ210 使用 Cortex A8 的 CPU 处理能力较强,可以使用官方提供的 USB 一键烧写工具完成开发板系统搭建,如 Linux 的 u-Boot、内核以及文件系统的烧写。系统使用 GCC 版本是 4.4.6,并在此基础上配置交叉编译工具的路径,具体步骤如下。

　　(1) 用 tar 命令解压交叉编译工具。

　　(2) 在 .bashrc 中添加交叉编译工具 bin 路径,即在末尾添加 export:

```
PATH = $ PAHT: /home/admin/opt/EmbedSky/4.4.6/bin;
```

　　(3) 使用 source .bashrc 或者重启,执行 arm-linux-gcc -v 命令,如果出现图 10.1 所示的结果说明配置成功。

```
administrator@ubuntu:~/share$ arm-linux-gcc -v
Using built-in specs.
Target: arm-embedsky-linux-gnueabi
Configured with: /opt/EmbedSky/build-croostools/.build/src/gcc-4.4.6/configure -
-build=i686-build_pc-linux-gnu --host=i686-build_pc-linux-gnu --target=arm-embed
sky-linux-gnueabi --prefix=/opt/EmbedSky/4.4.6 --with-sysroot=/opt/EmbedSky/4.4.
6/arm-embedsky-linux-gnueabi/embedsky --enable-languages=c,c++ --disable-multili
b --with-arch=armv7-a --with-cpu=cortex-a8 --with-tune=cortex-a8 --with-fpu=neon
 --with-float=softfp --with-pkgversion='for TQ210 EmbedSky Tech' --with-bugurl=h
ttp://www.embedsky.net --disable-sjlj-exceptions --enable-__cxa_atexit --disable
-libmudflap --disable-libgomp --disable-libssp --with-gmp=/opt/EmbedSky/build-cr
oostools/.build/arm-embedsky-linux-gnueabi/build/static --with-mpfr=/opt/EmbedSk
y/build-croostools/.build/arm-embedsky-linux-gnueabi/build/static --with-mpc=/op
t/EmbedSky/build-croostools/.build/arm-embedsky-linux-gnueabi/build/static --wit
h-ppl=no --with-cloog=no --with-host-libstdcxx='-static-libgcc -Wl,-Bstatic,-lst
dc++,-Bdynamic -lm' --enable-threads=posix --enable-target-optspace --without-lo
ng-double-128 --with-local-prefix=/opt/EmbedSky/4.4.6/arm-embedsky-linux-gnueabi
/embedsky --disable-nls --enable-c99 --enable-long-long
Thread model: posix
gcc version 4.4.6 (for TQ210 EmbedSky Tech)
```

图 10.1　交叉编译工具配置示例

10.3　组成与方案

随着现代农业生产技术的提高，农业用水的需求越来越大。然而，水在农业生产中的浪费现象也十分严重，水资源利用率低、管理方式落后、管理者管理水平不高都会造成农业用水的浪费。

1. 系统组成

根据桐乡黄金浜葡萄滴管远程控制系统可知，农作物灌溉监控系统主要实现灌溉节点设备的远程控制、阀门节点状态的实时监测(打开、关闭、无效、异常)以及泵房环境信息的实时掌握等信息。以控制区域为单位，每个控制区域由灌溉泵房、灌溉泵房所管理范围内的若干个阀门节点组成。每块嵌入式开发板作为小型服务器负责一个灌溉区域，采用多个带有RS485 控制模块的控制器与嵌入式模块组成有线控制网络，从而控制阀门的打开和关闭。远程控制中心采用 Socket 协议与每块嵌入式服务器进行网络通信，用户通过监控中心单击操作相应区域，实现阀门打开、关闭等控制功能。

2. 方案

本书针对目前农业用水普遍浪费的问题，利用嵌入式技术实现灌溉节点的控制，利用WindowsForms(WinForm)框架搭建远程节水灌溉控制平台，实现灌溉节点的远程统一管理，提高管理者的工作效率，集中式的管理有助于减少水资源的浪费。系统总体框架如图 10.2 所示。

农田监测区包括采样控制模块和泵站监测模块：采样控制模块用于电磁阀控制、流量参数采集；泵站测控模块用于视频采集、电机参数采集(电压、电流、频率、状态)、闸门状态控制、电机状态控制；嵌入式控制器用于接收参数及控制请求、发送数据及控制响应、存储视频等功能。

服务器用于数据存储和管理，统筹客户端和嵌入式控制器之间的信息交互。

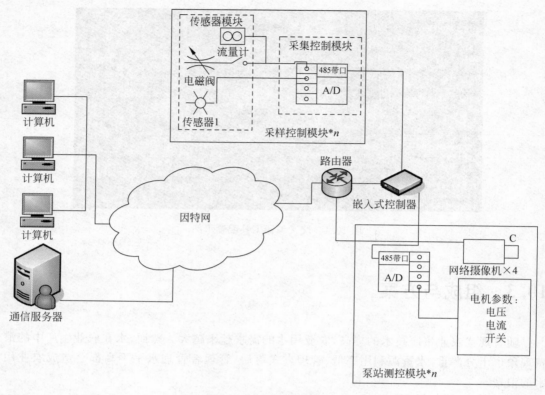

图 10.2   系统总体框架

远程控制终端用于实时信息显示,包括:泵站信息、农田信息和视频信息;远程控制电磁阀以及泵站;显示用户操作日志,进行用户管理、站点管理等功能。

远程控制终端是系统的核心部分,是用户与系统传递和交换信息的介质;主要由用户管理模块、数据管理模块、设备管理模块、参数管理模块等几个部分组成。用户管理模块实现用户的添加、查询、删除等功能;数据管理模块包括数据的查询、分析、存储等功能,设备管理模块通过监控终端单击相应灌溉区域的控制按钮,实现对远程设备的控制(开、关),并把反馈结果存储在数据库中;参数管理模块通过参数阈值设置,当获取到的数据超出阈值时,采取报警或提示的方式通知管理者做相应处理,从而实现对农作物生长环境的实时监测和控制。远程控制终端结构如图 10.3 所示。

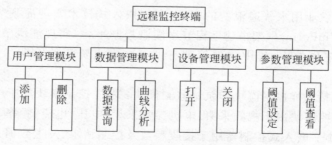

图 10.3   远程控制终端结构框图

3. 数据库的设计

系统数据库设计得好坏将直接影响系统的整体性能,同时对操作数据的便捷性、安全性以及故障恢复等也有一定的影响。根据系统需求,本书设计数据库的表结构,对名称属性、数据类型、空值、主键等进行详细设计,如表 10.1 所示。主要数据表的设计如下。

表 10.1　用户信息表

字 段 名 称	字 段 含 义	数据类型	长度	是否必填	是否主键
_userid	用户编号	varchar	8	是	是
_username	用户名	varchar	20	是	否
_password	密码	varchar	20	是	否
_online	是否在线	int	1	是	否
_logintime	最新上线时间	varchar	16	是	否
_logouttime	最新下线时间	varchar	16	是	否
_totallogin	登录次数	int	8	是	否
_priority	权限	int	1	是	否
_contact	联系人	varchar	8	否	否
_telnumber	电话	varchar	16	否	否
_address	地址	varchar	50	否	否
_Email	电子邮箱	varchar	20	否	否

(1)用户信息表。其中包含用户编号、用户名、密码等用户基本信息。

(2)灌溉区块信息表,如表 10.2 所示。

表 10.2　灌溉区块信息表

字 段 名 称	字 段 含 义	数据类型	长度	是否必填	是否主键
_areaid	区块编号	varchar	8	是	是
_contact	联系人	varchar	8	是	否
_phone	手机号码	varchar	11	是	否
_telnumber	联系电话	varchar	16	是	否
_subcontact	次要联系人	varchar	8	否	否
_subphone	手机号码	varchar	11	否	否
_subtelnumber	联系电话	varchar	16	否	否
_village	村	varchar	8	否	否
_town	镇	varchar	8	否	否

4. 通信协议的设计

在农作物采集区域,通常设置有大量的传感器、泵站、摄像头等监控设备。无线网络传感器、泵站、阀门、电机等设备由控制器经 ZigBee 或者有线 RS232/485 传输到智能网关层。信息数据采集量大,要求实时性强、准确性高等特点,在多种采集设备、多种传输协议和数据格式中,为保证网络通信数据的安全性、可靠性,需具有一定的通信标准。嵌入式网关服务器与客户端进行数据交互时必须遵循特定的数据通信协议,数据通信协议是指网络通信节点在信息交互时必须遵守的规则和约定。

一般协议的组成要素主要包括以下 3 种。

① 语法。定义了所交换数据与控制信息的结构或格式。

② 语义。定义了需要发出何种控制信息、完成何种动作以及做出何种响应,也就是对协议组成成分含义的约定。

③ 定时关系。规定事件执行的顺序以及速度匹配。

监控中心与嵌入式通信协议格式设计如下。

1) 实时的节点参数

功能码:0x11

请求:控制器编号(1 位)　功能码(1 位)　CRC 校验(2 位)　数据长度:4 位

响应:控制器编号(1 位)　功能码(1 位)　数据位长(1 位)　各个节点状态(n 位)〔若最大节点地址为 10,则为 11 位,即 0～10,每一位上分别用 0、1、2、3 表示 4 种状态,0 为关,1 位开,2 位异常(不存在继电器时),3 为无效地址〕　CRC 校验(2 位)　数据长度:5+n 位

2) 节点地址设定

功能码:0x17

请求:控制器编号(1 位)　功能码(1 位)　数据位长(1 位)　有效地址信息(n 位)(8 个字节一个节点)　CRC 校验(2 位)　数据长度:5+n 位

响应:控制器编号(1 位)　功能码(1 位)　数据位长(1 位)　有效地址信息(n 位)CRC 校验(2 位)

3) 设置单一节点状态

功能码:0x15

请求:控制器编号(1 位)　功能码(1 位)　阀门地址(1 位)　控制命令(1 位)　CRC校验(2 位)　数据长度:6 位

响应:控制器编号(1 位)　功能码(1 位)　阀门地址(1 位)　当前状态(1 位)　节点通信状态(1 位)〔0 为通信正常,1 为通信异常〕　CRC 校验(2 位)　数据长度:7 位

4) 设置全部节点状态

功能码:0x1F

请求:控制器编号(1 位)　功能码(1 位)数据长度(1 位)控制命令(1 位)　CRC 校验(2 位)　数据长度:5 位

响应:与指令 0x11 相同

5) 数据错误,请求重发指令

响应:控制器编号(1 位)功能码(1 位)0xff 0xff　CRC 校验(2 位)　数据长度 6 位

10.4　实施方案

本系统旨在可控制远程电机的开启与关闭,并在客户端显示电机的电压、电流值;及对远程电磁阀的开启与关闭,实现远程泵站阀门的开关,进行农作物的灌溉。通过在泵房内安装带有网络接口的摄像头,可实时监控远程泵房的信息等功能。

　　远程监控中心采用 Visual Basic 开发工具实现监控终端的开发工作,采用天嵌科技公司的 QT210 开发版作为远程服务器,与监控中心进行 Socket 通信,实现农田设备控制等功能。葡萄滴灌远程控制系统登录界面如图 10.4 所示。

　　在图 10.4 中输入用户名为 local,初始密码为 123456,服务器 IP 地址为 196.168.1.132,单击"登录"按钮,如果系统确认用户是合法的,则用户登录系统成功,即可进行权限允许的操作。单击"取消"按钮即可退出登录对话框。

　　在图 10.5 所示界面,单击"用户管理",可更改用户初始密码。

　　单击"泵站管理",在泵站管理菜单下输入对应的 IP 地址,分别单击"打开通道一""打开通道二""打开通道三""打开通道四"按钮可显示相应网络摄像机采集的视频信息(如本次 IP:192.168.1.100,在"泵站管理"菜单下的"IP 地址 1"中输入 IP 地址信息,单击"打开通道一"

图 10.4　系统登录界面

按钮即可查看远程的视频信息)。在云平台控制模块,通过上、下、左、右 4 个键可控制摄像头的上、下、左、右的旋转;"水平巡航""垂直巡航"可控制网络摄像头的水平、垂直移动;当再次单击相应按钮时,将会停止相应的功能,方便管理人员对泵房设备的实时查看,如图 10.6 所示。

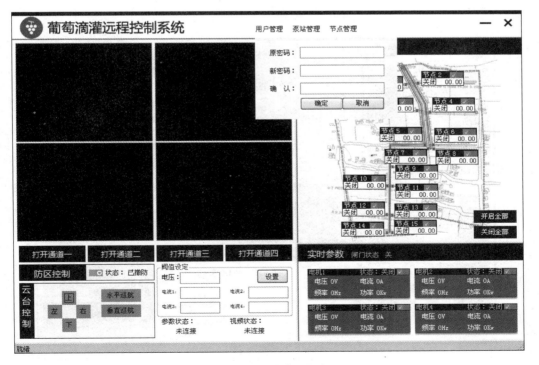

图 10.5　"用户管理"界面

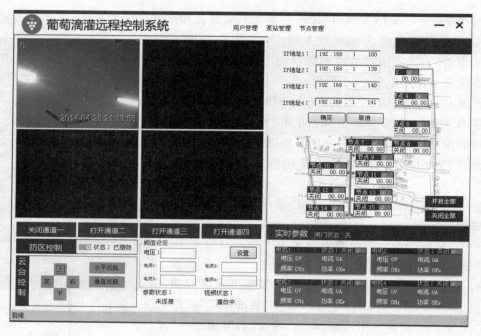

图 10.6　视频查看界面

监控终端通过客户端将控制命令发送给嵌入式网关,嵌入式网关向安装在阀门处的控制节点发送指令,完成相应动作,执行结果反馈 3 种状态,即节点打开、节点关闭、节点异常,通过"节点管理"模块输入底层控制器设备地址,实现控制区域设备的统一管理。控制界面如图 10.7 所示。

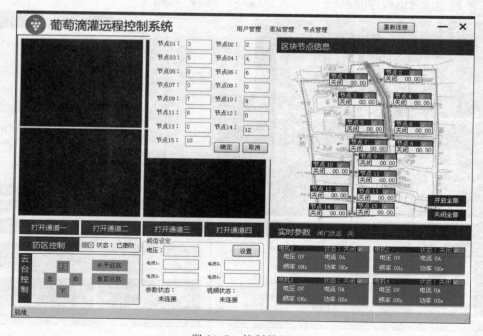

图 10.7　控制界面

10.5　应用价值

采用自动灌溉技术能够不需要人直接参与,通过预先编制好的控制程序并根据反映作物需水的某些参量,可以长时间地自动启闭水泵和自动按一定的轮灌顺序进行灌溉。真正做到适时、适量地控制灌水量、灌水时间和灌水周期,从而能提高作物产量和显著提高水的利用率。同时可方便、灵活地安排工作计划,管理人员不必在夜间或其他不方便的时间到田间去工作。

总之,利用灌溉式技术实现灌溉节点的控制,搭建远程节水灌溉控制平台,实现灌溉节点的远程统一管理,提高管理者的工作效率,集中式管理有助于减少水资源的浪费。

第 11 章
CHAPTER 11
铁皮石斛培育系统开发实例

11.1 案例背景

铁皮石斛是中药石斛 3 种植物来源之一,自古即为人们养生疗病的佳品。石斛主要用于热病伤阴、津少口渴之症。20 世纪 80 年代,仍主要依靠野生资源的采集来满足市场的需求,随着人们生活水平的日益提高,铁皮石斛的市场需求也越来越大,而铁皮石斛的生长特性及其对生长环境条件的苛求以及近年人们对野生资源的过度采摘,铁皮石斛野生资源濒危,人工种植的铁皮石斛生长周期长,对环境的要求高,产量还很少。因而铁皮石斛的引种驯化及快速繁育、设施栽培技术是解决野生铁皮石斛资源保护与满足市场需求矛盾行之有效的途径。

鉴于铁皮石斛的重要价值,为从根本上解决其资源问题,将铁皮石斛野生变家种显得尤为重要,进入 21 世纪以来,随着栽培技术的突破,铁皮石斛产业得到了快速发展,全国现有种植面积突破 2000hm²($1hm^2 = 10^4 m^2$),浙江、云南、广东、安徽、湖南、福建、江苏、四川均有栽培,产值突破 30 亿元,成为我国产销量最大、发展最快的中药材之一,并因地制宜地创造出系列栽培模式。

11.2 视频、长度识别

视频监控作为现代栽培技术的一个重要组成部分,用于获取铁皮石斛的长势情况、生长状态和病虫害等检测,避免种植人员对基地的不断巡视,提高工作效率。本实例通过在培育箱部署摄像头,进行幼苗植株长势的监测,测量植株高度,并进行设施控制操作。

幼苗植株长度识别具体流程如图 11.1 所示。

11.2.1 图像采集

图像采集主要包括远程登录、监控选择、截取当前监控帧图像、保存等几个步骤。种植人员上岗后,管理员为其分配用户或其自行注册用户,登录铁皮石斛培育系统,查看培育基地整体监控状态。根据种植人员的种植经验并结合系统操作日志选择需要操作的培育箱,

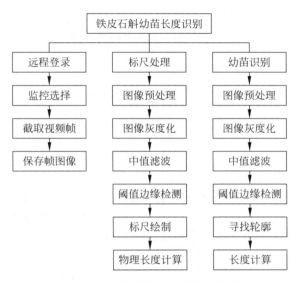

图 11.1　幼苗植株长度识别流程框图

调用其监控摄像头。实时图像获取：选择指定摄像头，将摄像头实时显示的幼苗当前帧数据转换成图像格式保存至本地。

11.2.2　幼苗识别与测量

1. 图像像素物理大小标定

由于幼苗植株与摄像头的距离远近不一，导致图像中每一像素点所表示的物理尺寸大小不同。在进行幼苗长度识别之前，必须对幼苗图像的像素进行标定，计算出每一像素所代表的长度信息。

像素物理尺寸大小标定与幼苗长度识别测量的图像处理过程均包括图像预处理、灰度化、滤波、边缘检测及轮廓绘制、计数长度等步骤。

2. 滤波（平滑处理）

图像平滑是指用于突出图像的宽大区域、低频成分、主干部分或抑制图像噪声和干扰高频成分，使图像亮度平缓渐变、减小突变梯度、改善图像质量的图像处理方法。平滑也称为模糊，是一项简单且使用频率很高的图像处理方法，可用于减少图像中存在的噪声。平滑处理时需要用到一个滤波器。最常用的滤波器是线性滤波器，线性滤波处理的输出像素值 $g(i,j)$ 是输入像素值 $f(i+k,j+l)$ 的加权和，即

$$g(i,j) = \sum_{k,l} f(i+k,j+l)h(k,l) \tag{11-1}$$

$h(k,l)$ 称为核，它仅仅是一个加权系数。不妨把滤波器想象成一个包含加权系数的窗口，当使用这个滤波器平滑处理图像时，就把这个窗口滑过图像。滤波器的种类有很多，这里仅仅提及最常用的。

1）归一化块滤波器（Normalized Box Filter）

这是最简单的滤波器，输出像素值是核窗口内像素值的均值（所有像素加权系数相等），核为

$$K = \frac{1}{K_{\text{width}} K_{\text{height}}} \begin{bmatrix} 111\cdots1 \\ 111\cdots1 \\ \cdots1 \\ \cdots1 \\ 111\cdots1 \end{bmatrix} \tag{11-2}$$

2）高斯滤波器（Gaussian Filter）

这是最有用的滤波器。高斯滤波是将输入数组的每一个像素点与高斯内核卷积，将卷积和当作输出像素值。假设图像是一维的，那么中间像素的加权系数是最大的，周边像素的加权系数随着它们远离中间像素的距离增大而逐渐减小。

3）中值滤波器（Median Filter）

中值滤波是一种非线性的信号处理方法，与其对应的中值滤波器是一种非线性的滤波器。中值滤波在一定的条件下可以克服线性滤波（如最小均方滤波、均值滤波等）带来的图像细节模糊问题，而且对滤除脉冲干扰及图像扫描噪声最为有效。由于在实际运算过程中不需要图像的统计特征，因此也带来不少方便。

中值滤波一般采用一个含有奇数个点的滑动窗口，将窗口中各点灰度值的中值来替代指定点（一般是窗口的中心点）的灰度值。对于奇数个元素，中值是指按大小排序后中间的数值；对于偶数个元素，中值是指排序后中间两个元素灰度值的平均值。对于二维中值滤波来说，窗口的形状和尺寸对滤波器的效果影响很大。不同图像内容和不同应用往往选用不同的窗口形状和尺寸。常用的二维中值滤波窗口形状有线状、方形、圆形、十字形等。

4）双边滤波（Bilateral Filter）

双边滤波是一种非线性的滤波方法，是结合图像的空间邻近度和像素值相似度的一种折衷处理，同时考虑空域信息和灰度相似性，达到保边去噪的目的。具有简单、非迭代、局部的特点。

双边滤波器的好处是可以做边缘保存（Edge Preserving），一般过去用的维纳滤波或者高斯滤波去降噪，都会较明显地模糊边缘，对于高频细节的保护效果并不明显。双边滤波器，顾名思义比高斯滤波器多了一个高斯方差，它是基于空间分布的高斯滤波函数，所以在边缘附近，离得较远的像素不太会影响到边缘上的像素值，这样就保证了边缘附近像素值的保存。但是由于保存了过多的高频信息，对于彩色图像里的高频噪声，双边滤波器不能干净地滤掉，只能对于低频信息进行较好的滤波。

5）边缘检测与二值化

简单来说，边缘检测就是寻找图像中目标（感兴趣区域、前景）的边缘的过程。其基本思想是根据图像中不同目标之间、不同背景之间及目标与背景之间的像素灰度不同，在边缘连接区域的像素必然会发生变化来寻找图像中的边缘。但是，由于不同目标的边缘不同，导致边缘构成的复杂性，因此边缘检测也成为了图像处理分析中的一个重点和难点。目前常用的边缘检测方法有最佳曲线拟合法、差分算子法（包括 Sobel 算子法、Roberts 算子法、

Laplacian 算子法、Canny 算子等）、广义霍夫（Hough）变换法（包括霍夫线变换、霍夫圆变换等）、小波变换法等。

将幼苗图像进行平滑处理后，进行二值化处理，便于进行边缘检测，并绘制幼苗轮廓，从而获取幼苗的轮廓像素高度，最后结合标尺所计算的像素物理尺寸大小计算幼苗长度。

11.3　组成与方案

针对铁皮石斛对生长环境和气候条件的苛刻要求，铁皮石斛设施培育系统考虑植物本身所需的特殊生长习性和生境条件，模拟其生长环境，保证其快速地生长、培育与繁殖。系统主要包括培育箱、灌溉模块、光控模块、监控模块及交互模块，如图 11.2 所示。

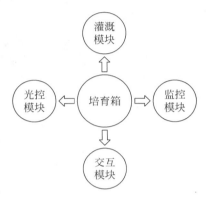

图 11.2　铁皮石斛培育系统

（1）培育箱。为铁皮石斛提供一个环境可控、可调节的独立环境，铺设栽培基质，根据植株生长的情况进行灌溉、光照以及温度、湿度等环境因子调控，并通过监控进行实时监测，保证植株在一个良好环境中生长，并及时进行调整。

（2）灌溉模块。为铁皮石斛的生长提供合适的水分与湿度保证。通过人为或控制中心的设定，利用水泵将培育箱底部蓄水池的水输送至培育箱，或进行灌溉，或进行喷洒，保证栽培基质的水分和环境的相对湿度。通过蓄水池可以方便地进行植株施肥与病虫害防治。

（3）光控模块。为铁皮石斛提供光照条件。在培育箱顶部铺设双排 LED 阵列灯，根据植株的类型及生长阶段，提供合适的光照。铁皮石斛喜阴，可以选用光照度低的灯降低光照。生长期的铁皮石斛遮阴度以 60% 左右为宜。

（4）监控模块。为种植人员提供实时监控，保证实时掌握植株的生长状态，并进行具体的设施操作，如灌溉、光控调节、施肥等。通过监控摄像头可以测量获取植株的高度，在此基础上判断植株的生长周期，避免不必要的巡护，减少保证植株生长环境的稳定。

（5）交互模块。为种植人员与铁皮石斛培育系统提供交互接口，方便其进行设施的操作。当种植人员对培育现场进行巡视或定期现场查看时，可以通过嵌入式控制器交互模块，直接对培育系统的设施设备进行操作，如浇水、灯光调节、温度调节及其他设置；当种植人员利用远程对培育基地进行查看时，可以远程登录系统，查看基地植株整体的生长情况，以及系统的操作日志与植株生长日志，并进行相应的远程设施操作。

铁皮石斛培育系统通过人工方式，营造野生状态下的生长环境，满足其对环境的苛刻要求，解决了基地选择、栽前床土处理、基质铺设、适时移栽、水肥管理、光温和湿度调控等具体措施，利用视频实时监控，避免种植人员定期巡视基地，实现远程操作，提高人员工作效率。

11.4　实施方案

　　作为智能物联网项目,系统在设计到实施过程中尽可能解放种植人员的工作强度,使其可在远程对培育基地的植株进行实时监控,对基地设施进行操作,减少工作人员与植株种植的接触频率,让整个系统更加智能化、自动化,扩大系统的应用场景和提升系统的可扩展性。通过系统的部署实施,可以极大地提升基地培育的经济效率并节省成本。铁皮石斛培育系统的拓扑结构如图 11.3 所示。

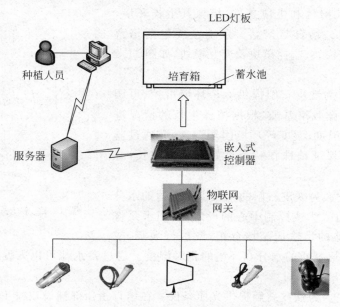

图 11.3　铁皮石斛培育系统拓扑结构

设备的功能如下。

1. 环境信息检测

　　培育箱中布置空气温、湿度传感器以及土壤水分、土壤温度传感器,实时获取培育箱中的幼苗生长环境参数信息,根据不同的生长阶段,适当地进行调整。传感器数据通过物联网网关上发至嵌入式控制器,控制器转发至系统服务器并保存。

2. 设施控制

　　当幼苗环境参数发生变化或不适合幼苗生长时,通过调节培育箱所部署的水泵、LED灯板等设施控制培育箱的环境参数。设施控制可以由种植人员远程登录系统进行控制,将指令发送至培育箱的嵌入式控制器,操作各个设施设备;或者直接通过嵌入式控制器对设施设备进行控制,完成所需操作。

　　铁皮石斛培育系统软件界面如图 11.4 所示。

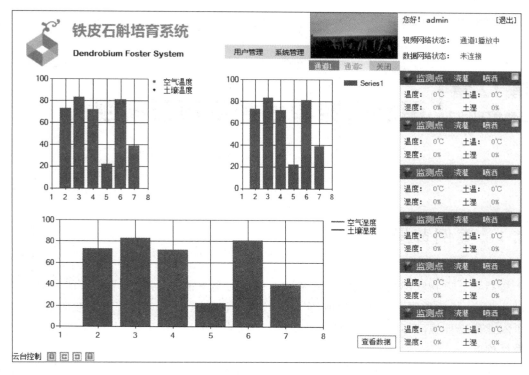

图 11.4　铁皮石斛培育系统软件界面

种植人员登录系统后，可通过监控实时观察幼苗长势及培育箱的实时环境参数，并对部署的设施设备进行操作。

11.5　应用价值

人工栽培铁皮石斛极大提升了其产量，满足日益增长的市场需求，也保护了野生铁皮石斛资源。通过基地开发，进一步对铁皮石斛进行繁育，了解其生长习性，为人工栽培提供更多的资料与技术。

利用铁皮石斛培育系统，可以很大程度地解放种植人员的劳动，提升种植人员的工作效率，通过远程监测与控制，可以满足对基地幼苗的管理培育。

利用培育箱培育，人工营造野生铁皮石斛生长环境，打破了地域条件的限制，可以极大地扩大铁皮石斛培育市场，提高铁皮石斛的产量，增加幼苗成活率。

通过培育系统记录种植人员对幼苗管理的操作记录，可以对提高植株质量、产量提供有价值的参考资料，便于寻找并营造最优的生长环境参数，进一步实现自动化培育，彻底实现智能化培育。

第 12 章
CHAPTER 12 | 智慧农业平台系统开发实例

12.1 案例背景

　　智慧农业以物联网技术为支撑,完成农业信息的全面感知、可靠传输和智能处理;通过自动化生产、优化控制和智能化管理,实现高效利用农业资源、大幅度降低农业成本和能耗、减少农业生态环境破坏和提高农产品产量的目标,是一种高效、低耗、优质和高产的新型农业发展模式。

　　农业物联网通过射频识别技术(RFID)、红外感应器、全球定位系统、激光扫描器、气体感应器等信息传感设备,连接农产品与互联网,实时通信和信息交换,实现智能化识别、定位、跟踪、监控和管理。物联网技术应用到农业领域之前,农田、农产品信息的获取通常依赖于人工,测量结果受到自然因素、环境因素的影响,存在测量误差大、时效性滞后等问题。利用物联网技术将大量传感器节点连接成监控网络,提高了信息采集的准确性和实时性,节约了大量人力、物力。目前,物联网技术已经应用到了设施农业、农田种植、水利灌溉等农业生产过程信息监控以及农资、农产品流动监管等领域,但仍存在农业信息化基本设施建设缓慢、缺乏统一规范的技术标准、系统结构缺乏安全性保障等问题。

　　另外,农业生产、销售过程中产生大量多元化数据,包括生产过程管理数据、农业资源管理数据、农业生态环境管理数据、农产品及食品安全管理数据、农业装备与设施监控数据以及各种科研活动产生的数据。利用网络和云计算技术,通过云端服务器对这些农业大数据进行共享和综合分析,能够缩短农产品生产周期,提高农业经济产值,实现农业资源合理利用,农产品生产、销售渠道有效监管。然而,我国农业大数据的研究刚刚起步,还缺乏通用的数据采集、共享平台,数据分析也仅局限在孤立的应用系统中,数据资源利用率较低;数据采集传输过程缺乏安全性保障,导致应用系统健壮性差。因此,设计安全可靠的信息收集、设施监测控制系统结构,基于互联网云服务技术,构建通用、高效的智慧农业平台,实现农业数据的共享和分析,对于推进农业信息化发展有着重要意义。

　　农业信息采集控制系统和农业信息化服务平台是智慧农业研究的重要组成部分。其中,信息采集及控制系统基于传感器技术、自动化技术等实现农业生产、运输、销售过程中的信息监测与环境、设施调控;农业信息化服务平台是基于网络技术和云服务技术的网络平台,实现农业数据资源的整合、分析和利用。

1. 基于传感器和自动化技术的农业信息采集

从研究对象上可将农业传感器技术划分为生命信息传感器技术和环境信息传感器技术两大类,主要包括光谱技术、机器视觉技术、人工嗅觉技术、痕量感知技术等方面的研究。生命信息传感技术是指对动、植物生长过程中的生长信息以及病虫害信息等进行检测的技术。美国伊利诺大学的 Paulsen 等人利用机器视觉技术,对玉米籽粒的颜色、表面缺陷进行了检测,实现了农产品质量的快速检测,准确率达到 95%。

农业自动化技术包括环境建模算法、规划导航算法、自动控制技术、柔性执行机构技术等方面的研究。农业自动化机器人按用途可分为种植类机器人、畜牧类机器人、农产品检测加工类机器人。Hayashi 等人设计了基于立体视觉系统的收割机器人,对果实成熟度进行检测,精确度可达 85%,实现了作物无人工、全机械化收割。作为智慧农业的硬件基础,农业传感器和自动化技术研究较为成熟,但传感器网络结构、通信系统结构缺乏统一的实现标准,且现有的系统实现方案在数据稳定性和信息安全性方面存在欠缺。

2. 传感器网络及通信子系统结构

目前,农业传感器网络及通信子系统包括 ZigBee 无线传感网络、RS485 有线传感网络、3S(GPS/GIS/GPRS)通信技术和 Web 通信技术等方面。国内高翔、刘鹏、卢潭城等人提出了利用土壤电阻传感器和土壤温度传感器、CCC2530 无线收发器构成 ZigBee 无线传感网络,进行土壤湿度测定的模型,精度可达 $\pm 2.5\%$ RH,达到了传感器网络低功耗、低成本的要求。然而,由于 ZigBee 无线网络传输性能受环境因素影响较大,系统在数据稳定性方面存在缺陷;同时因传输距离的限制,系统仅适用于小范围内应用,不具备普遍适用性。肖乾虎、翁绍捷、贺芳等人研究了基于 RS485 总线及 Modbus RTU 数据传输协议数据采集传输方案,并基于 ZigBee 无线网络进行远程数据传输,在数据误差及传输距离方面有所改进,但网络数据传输可能引入恶意攻击等不安全因素,系统缺少数据安全性保障。李楠、刘成良、李彦明等人利用 3S 技术在小范围内由传感器节点基于 ZigBee 通信协议组成无线传感器网络,通过网关节点集成 GPS 网络,利用 GSM/GPRS 网络实现与 Internet 的信息交互,完成了土壤墒情数据的自动采集、无线传输和准确定位。但 3S 技术无法保障数据传输的安全性,且为了保证数据精度和时效性的统一,致使项目成本投入大大增加。

3. 农业信息化服务网络平台架构与业务部署

农业信息化服务平台的研究主要集中在高效、通用的平台架构方面,利用传感器系统收集的各类农业数据,实现农业信息资源共享及数据整合,并在平台上完成各种农业业务的部署。张晓东、鲁可、李秀娟等人设计了基于 S3C2410X 微处理器的嵌入式 Web 服务器,该服务器监测精度较高、成本低、运行稳定。但嵌入式微处理器在处理能力和存储能力上都具有较大的局限性,无法达到大范围采集、整合农业信息资源的要求。随着 Web 技术的发展,基于 B/S 结构的农业信息化服务扩大了业务的应用范围,使用户可以随时随地访问业务网站,提高了应用服务的可移植性。但目前基于 Web 技术的服务平台数据资源局限在应用服务范围内,缺乏共享,造成了数据信息浪费。同时由于平台实现的业务功能单一,造成软件重复开发,使农业信息化建设投入成本不断提高。

20 世纪 90 年代以来开源软件日益兴起,逐渐出现了基于 Linux 系统、开源数据库、服务器软件和动态脚本的网络平台架构。中国科学院高能物理研究所计算中心提出了基于 Linux、Apache、MySQL、PHP 的申报信息管理系统平台,实现申报信息高效采集和快速审批;基于 Nginx 和 Java Web 容器提出了一种区别于传统 XML 报文的服务器架构,提高了指挥控制领域窄带通信信道利用率。

利用 Web 开发框架能够有效缩短研发时间,实现业务模块化开发和敏捷部署。Rod Johnson 和 Juergen Hoeller 等开发的 Spring Framework 是开源 Java EE 全栈应用程序框架,利用控制反转原则实现配置管理便于应用程序快速组建,对数据库进行一般化抽象,使事务划分处理与底层无关;Django 是基于 Python 的 Web 开发框架,基于动态脚本语言的实现方式避免了应用程序像 Java 程序一样庞大臃肿,基于 MTV 模式(Model、Template、View),利用模型对象关系映射、URL 匹配模块、内建模板语言和缓存系统,实现业务模块拆分和快速部署。

智慧农业领域服务软件有多种实现方式,如基于嵌入式的远程控制系统、基于 C/S 结构的农产品物流追踪系统和基于 Web 的农田灌溉系统等。研发人员需要针对不同业务功能重新开发应用软件,提高了成本投入,浪费大量数据资源。因此,智慧农业领域需要设计出具有通用性、普适性的服务平台,实现业务的快速部署和信息资源共享。

12.2　LNMP 架构

自 20 世纪 90 年代以来,以 Linux 为代表的开源软件日益兴起,给全球软件行业带来了巨大影响,直接引领了席卷各行各业的 Web 新兴应用潮流。开源软件遵循开放共享、协作开发、自由传播的理念,具有零购买成本、高共享机制的特点,提供更可靠和更安全的技术,应用开放性的架构,使开发者能够根据需要进行技术改造。美国一家研究机构对美国高校开源软件研究情况进行调查,结果如表 12.1 所示。可以看出,开源操作系统和服务器软件在高校中占有较高的应用比例,其中 Web 服务器、操作系统和数据库的开源替代率最高。

表 12.1　美国高校开源软件研究情况

调查项目	百 分 比
高校开源操作系统和服务器软件使用率	57%
使用最多的开源软件	Apache(53%),Linux(51%),MySQL(38%),Firefox(35%),Tomcat(33%)
已被开源软件替代或正在考虑替代的底层类软件	Web 服务器(44%),操作系统(34%),数据库(32%)

服务器平台由操作系统、Web 服务器、数据库和应用框架构成,基于开源软件构建的服务器平台不仅节约成本,同时具有很高的可扩展性。据互联网资料显示,2009 年服务器操作系统 Linux 所占比例为 47.76%,至 2013 年,随着开源云平台的发展,在超级计算机 TOP 排名中,Linux 的使用比例已经达到了 94.2%,且前十名全部采用了 Linux 操作系统。Linux 以其低成本、稳定、安全的特性在服务器操作系统中迅速占据统治地位。MySQL 由

于性能高、成本低、可靠性好等特点,已经成为最流行的开源数据库,并且被广泛应用在 Web 应用程序以及其他项目上。从 WordPress 到淘宝网都把 MySQL 作为默认的数据库。 Nginx 是目前市场占有率最高的开源服务器,它可以运行在几乎所有广泛使用的计算机平台上,由于其跨平台和安全性被广泛使用,是最流行的 Web 服务器端软件。这 3 种开源软件在网站架构领域广泛应用,结合 PHP、Python、Perl 等脚本语言,形成了国际上最为流行的 Web 框架:LNMP 架构。表 12.2 列出了部分基于 LNMP 架构的网站。

表 12.2 应用 LAMP 架构的网站

网站名称	操作系统	服务器	数据库	脚本语言
Yahoo	FreeBSD + Linux	Nginx	MySQL	PHP
Facebook	FreeBSD	Nginx	MySQL + Memcached	PHP
Wikimedia	Linux	Nginx + Lighttpd	MySQL + Memcached	PHP
Flickr	RedhatLinux	Nginx	MySQL + Memcached	PHP + Perl
Sina	FreeBSD + Solaris	Apache + Nginx	MySQL + Memcached	PHP
YouTube	Suse Linux	Nginx + Lighttpd	MySQL	Python

基于 LNMP 的通用智慧农业服务器平台主要包括 HTTP 服务器、应用服务程序和数据库三部分。如图 12.1 所示,以 Nginx 作为静态服务器和代理服务器,对 URL (统一资源定位符)进行匹配。Nginx 具有强大的静态文件处理能力,可直接处理 JS、CSS、HTML、图片等文件; 对于动态 HTTP 请求,通过 uwsgi 调度程序分发给应用服务程序,并完成数据库交互。

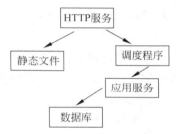

图 12.1 通用服务器模型结构框图

12.2.1 基于 Nginx 的静态服务器

Nginx 在静态文件处理上显现出较大的优势,在本章的通用服务器模型中负责 JS、 CSS、HTML 文件的处理。Nginx 的静态配置块包括 http 块、server 块和 location 块。其中 http 块实现基本的 HTTP 服务。静态服务器通常包含多个 server 块和 location 块,其中 server 块对应一个虚拟服务器,location 块对应一个请求 URL。

1. 虚拟主机与请求分发

由于 IP 地址数量有限,通常多个主机域名对应着相同的 IP 地址,形成了在一个 IP 地址主机上 server 块定义多个虚拟主机的情况。当处理 HTTP 请求时,Nginx 读取请求的 Header 头部,从中获取 Host,并与 server 块中的 server_name 项进行匹配,找到正确的虚拟主机,并应用该主机配置块下的设置。由于 URL 的多样性,虚拟主机的 server_name 可通过通配符 * 和正则表达式来匹配具有共同特征的 URL。虚拟主机名遵循以下匹配过程。

(1) 对主机名进行完全匹配。

(2) 对通配符在前面的主机名进行匹配。

(3) 对通配符在后面的主机名进行匹配。

（4）对主机名进行正则表达式匹配。

只有在前一项匹配失败时才执行下一种情况的匹配,若 4 种情况均不匹配,则使用监听端口中带有 default_server 属性的虚拟主机,若仍无符合条件的主机,则使用第一个匹配的监听端口对应的主机。

2. 基于正则表达式的文件路径匹配

HTTP 请求通过 URL 确定资源路径,location 块通过匹配 URL,对静态资源路径进行重定义,使其指向主机上的资源存储位置;对动态请求进行重定向。URL 匹配规则如下。

（1）＝对 URL 进行完全匹配。

（2）～URL 匹配时大小写敏感。

（3）～＊URL 匹配时忽略大小写。

（4）^～与 URL 的前半部分匹配即可。

（5）@内部请求重定向。

当 URL 可匹配多个 location 块时,由第一个匹配成功的 location 块进行处理。静态资源路径定义方式有以下两种。

1）root 方式

定义资源路径前缀,即根目录。如对于 URL 为/css/main. css 的请求,与下述 location 块匹配时,对应主机上的实际资源路径为/www/http/css/main. css。

```
location /css/ {
root /www/http/;
}
```

2）alias 方式

替换部分资源路径。如对于 URL 为/css/main. css 的请求,与下述 location 块匹配时,对应主机上的实际资源路径为/www/http/css/main. css,即将 URL 中的/css/替换为/www/http/css/。

```
location /css/ {
alias /www/http/css/;
}
```

12.2.2　基于改进的 MVC 模型的应用服务

动态请求是指需要与上游服务器、服务器后台中间件或数据库交互的 HTTP 请求,用于实现应用服务。本书设计的通用智慧农业服务器平台的动态请求处理过程如图 12.2 所示。

Nginx 将动态请求转发给 uWSGI 调度程序,完成任务分发。WSGI 是一种 Web 服务器网关接口,是一种 Web 服务器与应用服务器的通信规范。uWSGI 是一个服务器程序,实现了 WSGI、uWSGI、HTTP 等协议,完成 Nginx 服务器与后台应用服务程序之间的通信。

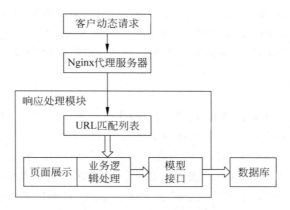

图 12.2　动态请求处理流程

应用服务程序基于 Django 框架实现。Django 是一款基于 Python 语言及 MVC 设计模式实现的 Web 应用开发框架。MVC 设计模式适用于大型可扩展的 Web 应用开发,它将客户端请求、请求处理、服务器响应划分为模型、视图、控制器 3 个部分,如图 12.3 所示。其中,模型(Model)主要负责后台数据库操作,视图负责响应页面的呈现,控制器接收用户请求,根据请求访问模型获取数据,并调用视图显示这些数据。控制器将模型和视图隔离,并成为二者之间的枢纽。

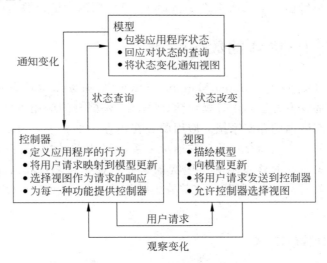

图 12.3　MVC 框架结构框图

Django 对传统的 MVC 设计模式进行了改进,将视图分成 View 模块和 Template 模块两部分,将动态的逻辑处理与静态的页面展现分离开。而 Model 采用了 ORM 技术,将关系型数据库表抽象成面向对象的 Python 类,将表操作转换成类操作,避免了复杂的 SQL 语句编写。

1. URL 匹配列表

基于 Django 框架的控制器模块由 URL 匹配列表实现业务逻辑处理程序的调度。

URL 列表是一个 Python 元组,元组中的每一项为 URL 字符串与 view 逻辑函数的映射,当 URL 与一个元组项匹配时,调用相应的 view 逻辑函数进行业务处理,同时可利用 urlpatterns 中的元组项向 view 函数传递参数或从 URL 中截取参数。

2. view 逻辑函数

view 逻辑函数实现具体业务的处理,以 HTTP 请求(request)为参数,完成业务流程后,返回 HttpResponse 对象。request 对象中包含了 HTTP 请求的方法、头部及 session 信息。由于 URL 匹配时不会对 HTTP 方法(GET、POST 等)进行区分,view 函数将从 request 中获取请求方法,并对 URL 相同方法不同的请求进行重定向,完成不同的逻辑处理,同时从 session 中获取服务器端记录的请求状态信息,对不同的状态分别进行处理。业务处理结束后,view 函数通过调用 render 或 render_to_response 构造 HttpResponse 对象,对作为参数传入的 Template 模板进行渲染,并发送给客户端浏览器。

3. Template 模板

Template 模板是对普通 HTML 文件的扩展,针对不同的 HTTP 请求和业务处理结果生成不同的页面效果。Template 由基本的 HTML 文件、模板变量和 for、if 等控制类模板标签构成。当 view 视图调用 render 或 render_to_response 渲染 Template 时,将从模型获得的状态信息以字典键值对形式提供给 Template,进行模板变量替换。

12.2.3　基于 ORM 的数据库

对象关系映射(Object-Relational Mapping,ORM)是随着面向对象编程思想的发展而产生的。面向对象的开发方法是设计模块化、结构化、松耦合的应用程序的基础,关系数据库则是应用程序状态数据的存储系统。应用服务在内存中抽象为对象,在数据库中表现为关系数据。内存中的对象之间存在关联和继承关系,而在数据库中,关系数据无法直接表达多对多关联和继承关系,ORM 技术的产生实现了程序对象到关系数据库数据的映射。在本章设计的通用服务器架构中,数据存储部分由数据库连接池和基于 ORM 的 model 模型构成。

1. 应用业务数据访问方式

对于不同的应用业务类型,数据库操作可基于嵌入 SQL 的业务类、业务相关数据类、ORM 等方式实现。嵌入 SQL 的业务类以应用业务类型为基准进行类划分,数据库操作以程序语句形式写入类的方法中。这种方式的特点是实现简单,适合小型系统的快速开发。但针对大型业务,业务需求的更改可能导致业务类方法的大规模修改,是一种较严重的设计缺陷。业务相关数据类将数据库操作抽象到类中,将数据库与业务分离开来,避免了上述业务变更缺陷。但是数据库操作类仍基于 SQL 语句实现,开发者不可避免地需要了解数据库中表的结构,实际上只是对类结构的优化调整,并没有改变 SQL 语句与表结构的强相关性。ORM 技术将数据库表、表间关系结构映射成了类对象(即 model),每一个类对象对应一个数据表,对象的每个成员即为表中的一列或数据表间的一种关系(如外键)。仅在 model 对象定义时才需要数据表的信息,实际业务实现过程中,只需要对 model 对象进行操作,无须进行 SQL 语句的嵌入。

2. 基于 ORM 的数据库实现方式

数据库操作一般通过网络连接或本地管道连接实现。连接的建立、关闭开销较大,为提高程序效率,一般采用数据库连接池方式实现数据库操作。本章提出的通用服务器架构通过 DATABASES 列表实现数据库连接池的配置,列表中可定义多个连接池,每个连接池通过数据库驱动引擎、默认库、用户、密码、主机、端口等参数进行定义。

业务中的 model 对象均继承自 models.Model 基类,该基类实现了数据查询、更新、删除等基本方法,可在模型对象上直接调用。本章提出的通用服务器框架数据关系结构如图 12.4 所示,对应不同的业务可在此基础上扩展。

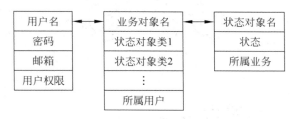

图 12.4　数据结构

12.3　组成与方案

本章设计的智慧农业平台系统,使操作用户可以通过任何具有浏览器的网络设备进行远程登录访问,并可对农作物生产的各个阶段库的环境状态进行查看监测,通过浏览器端的单击操作实现对农作物环境的设置,并可通过后台的过程控制方法对农作物的生长环境进行保障。根据实际分析,具体需要实现以下功能。

1. 农田灌溉远程监控系统

农田灌溉远程监控系统主要实现灌溉节点的远程控制及节点状态的实时监测。状态实时监测以灌溉泵站为单位进行,对泵站灌溉范围内所有的阀门节点进行检测;远程控制以阀门节点为单位,通过浏览器页面的单击操作,实现阀门开闭控制。根据实际应用分析,系统需要实现以下功能。

（1）泵站的配置。由于平台是一个多用户系统,不同用户管理不同的泵站,泵站现场控制器的布置结构也不同。因此,用户在平台上完成注册后,首先要设置所管理的泵站编号及节点个数。

（2）远程控制与实时监测。为保证系统的亲和性和准确性,用户操作界面设计为图形化模式,根据用户提供的现场节点分布图,生成基于 SVG 的控件图,图上的每一个节点与灌溉现场节点的实际位置相当。

2. 作物生长环境监测系统

作物生长环境监测系统用于实现菌菇培育库环境的实时检测，将采集到的光照、CO_2浓度、空气温湿度、土壤温湿度数据同步到服务器，并对数据进行初步分析。环境监测以菌菇培育库为单位，与农田灌溉相同，用户需要对培育库进行配置。培育库配置成功后，用户可以对采集系统上传的环境参数数据进行统计分析，生成图表。

根据以上需求，通过软件与硬件结合的方法，设计了图 12.5 所示的系统解决方案，由Web 服务层、嵌入式中间层和传感器网络层组成。

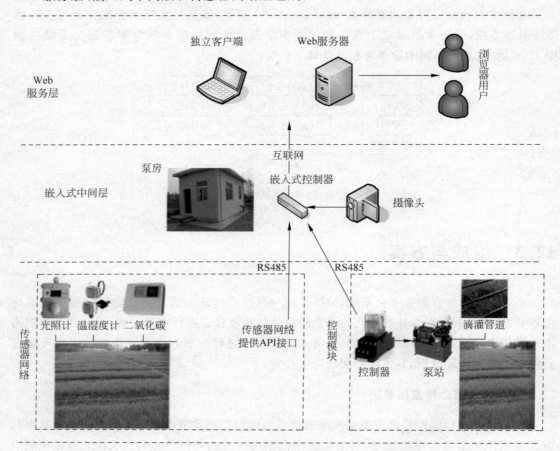

图 12.5   系统组成方案结构

1) 传感器网络层

下层农作物的生长环境参数光照量、二氧化碳含量、空气温湿度、土壤温湿度等，通过有线和无线传感器部署网络进行采集，而控制器对农田进行滴灌等操作。

2) 嵌入式中间层

中间的嵌入式层是连接上下两层的关键，负责对传感器采集到的信号进行收集整理加密后通过网口传输至服务器。另外，与下层中的控制器直接连接交互，随时获取控制器中的参数，并可根据服务器指令对控制器参数进行即时调整，以实现控制农田设备的作用。

3）Web 服务层

上层为服务器及用户层，服务器端通过中间件软件对嵌入式传输的采集信号进行存储、分析和计算，构建 Web 应用系统，并将系统部署到互联网中供用户使用。而用户则可通过 PC、平板等设备，通过浏览器端登录系统，可对农作物的生产过程进行远程管理、监测和控制。

12.4　实施方案

12.4.1　采集控制模块的实施

大规模种植的农田面积较大，灌溉点的手动控制操作不仅耗时较长，同时也可能因操作不及时导致灌溉水量过多。此外，若灌溉点出现故障，工作人员无法及时发现、排除故障。这些情况都会对作物的生长带来不良的影响。农田灌溉远程监控服务有利于实现灌溉自动化、精确化，节省了大量人力和物力。对于农作物的生长环境数据进行监测，有利于分析作物的最佳生长参数，进行最优化调整，以提高产量。

采集控制系统实现监控节点的数据采集及状态控制，其结构如图 12.6 所示。嵌入式网关以基于 ARM11 架构的 S3C6410 芯片为核心处理器，以嵌入式 Linux 为系统平台。S3C6410 是三星公司生产的低功耗、高性能的 RISC 处理器，集成 16KB 指令缓存、16KB 数据缓存以及 4 通道 UART。ZigBee 网关由无线收发模块、RS232 模块、RS485 模块及 CC2530 控制器构成。CC2530 通过串口将接收到的环境参数发送给控制器（STM32F103），控制器对数据进行协议封装，通过 485 模块发送给嵌入式网关。

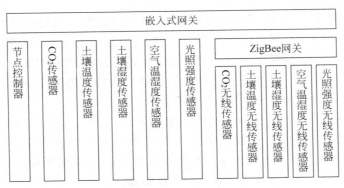

图 12.6　采集控制系统结构框图

采集系统的控制命令响应及采集到的数据将通过 TCP/IP 网络发送给服务器，由 Java 中间件传递给数据库，并通知应用服务程序向客户端浏览器发送 HTTP 响应。

12.4.2　服务器模块的实施

服务器是整个过程控制系统的核心部分，包含 Web 应用、Web 服务器、过程控制算法和故障诊断等功能实现的所有内容，如图 12.7 所示。

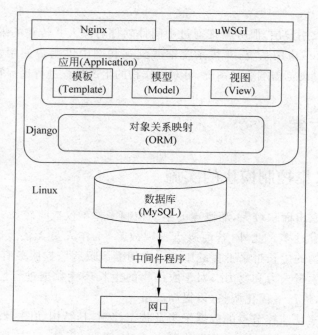

图 12.7　服务器内部系统结构

其中,Web 服务器使用 Nginx＋uWSGI 的组合服务器,Nginx 是很好的静态代理服务器,负责处理静态的 HTTP 请求,可直接将静态文件 HTML 等处理返回。而对于动态 HTTP 请求,Nginx 将该请求转发给 uWSGI 服务器负责处理,将动态 URL 请求进行匹配分发至 Django Web 应用中。

在 Django 框架中,内置的 WSGI 可对 uWSGI 服务器发送的协议进行解析,然后通过正则表达式的方法与 URL 列中进行匹配,然后跳转至对应的业务逻辑控制程序。业务逻辑控制程序用 Python 语言编写,对 HTTP request 进行处理,对相应的数据库数据进行增、删、查询以及逻辑运算以后,将所要传送的数据通过字典的方式与 Template 中的静态模板相结合,然后返回 HttpResponse 至 Web 服务器。

中间件程序负责通过网口与嵌入式系统进行 Socket 网络通信,接收采集的环境数据。使用非阻塞 I/O 复用模型和安全套接字技术,以及网络 SSL 加密协议,与嵌入式系统进行高效、安全的数据传输。将嵌入式采集的数据存入数据库中,并根据数据库中各执行器的设置值,将控制数据传入,通过嵌入式系统作用于控制器。

12.4.3　Web 应用软件模块的实施

最终通过 Web 应用方式呈现给用户,本节对智慧农业 Web 系统的登录验证模块、培育库配置模块、数据统计模块和农田灌溉远程监控系统的远程控制和实时监测模块进行分析验证。

1. 用户登录验证模块

图 12.8 所示为智慧农业服务平台主页,系统在该页面上完成用户的注册和登录。注册

时,系统对邮箱、用户名进行唯一性验证,验证成功后,将新用户添加进数据库,并将请求重定向至登录界面。登录时,为避免浏览器使用缓存中的验证码图片,导致验证码与 Session 中实际存储的验证码不同,需要在验证码请求的 URL 后附加一个随机变量,服务器每次接收到请求后,都返回一个新的验证码图片。为了避免用户退出后通过浏览器后退功能回到平台操作界面,造成安全性漏洞,需要在 Session 中记录用户的登录状态。

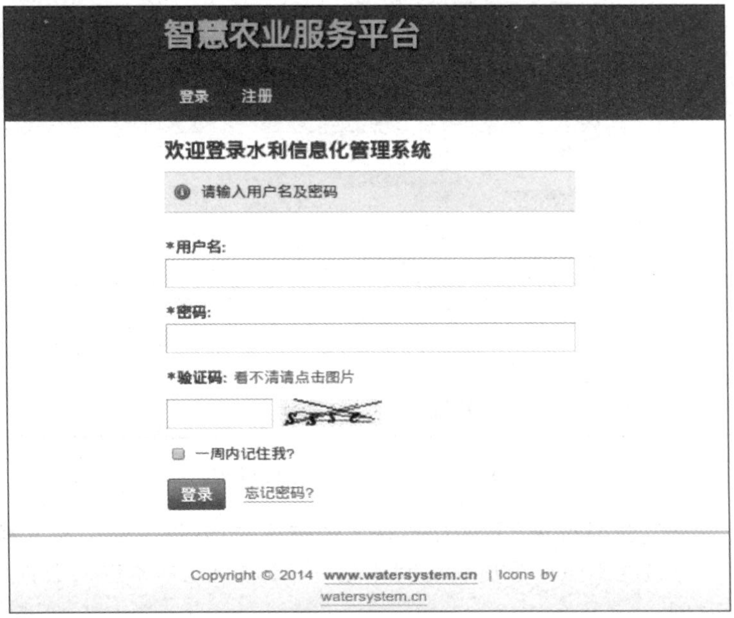

图 12.8　智慧农业服务平台主页

2. 培育库配置模块

培育库配置模块需要对培育库编号、培育库中安装的各类传感器个数、传感器编号、传感器位置进行配置。配置成功后,系统会在数据库的培育库表中存入数据库编号、各类传感器个数,培育库所属的用户以外键形式存入表中,将传感器编号、位置等信息存入传感器表中,所属培育库以外键形式存入。系统界面如图 12.9 所示。

3. 数据统计模块

数据统计模块分为单传感器检测和多传感器检测。单传感器检测检索单个传感器某一时间范围内采集数据;多传感器检测检索某一时刻培育库内所有传感器的采集数据。

采集控制系统每分钟上传一次传感器节点数据。以温度数据为例,正常情况下,环境温度每分钟变化范围较小,服务器将收到大量近似的冗余数据,不利于数据库存储和检索,需要对数据进行筛选。以温差为基础进行数据筛选时,若在较长时间段内温度变化较小,可能导致数据库在相应时间段无数据,当用户选取该时间段进行数据分析时,无法生成统计图表。在人为干预下,环境温度可能在短时间内发生较大变化,以时间跨度为标准进行数据筛选时,将导致有效数据丢失,不利于数据分析。Java 中间件的数据处理任务维护温度参照标准及标准更新时间,并依据以下两条原则进行数据筛选。

图 12.9　培育库配置模块界面

（1）与温度参照标准相差 0.5℃ 的样本存入数据库，将其设为新的温度参照标准。

（2）采集时间与温度参照标准更新时间相差 0.5h 以上的样本存入数据库，并更新温度参照标准及更新时间。

其他类型传感器数据的筛选方式与此类似。软件界面如图 12.10 所示。

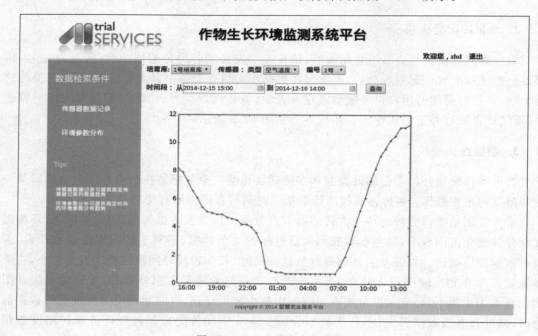

图 12.10　24h 温度变化曲线

4. 远程控制和实时监测模块

远程控制和实时监测模块基于 SVG 矢量图片实现,如图 12.11 所示。图中圆点表示灌溉阀门节点,红色表示阀门关闭、绿色表示阀门打开、黑色表示该节点硬件通信故障,需要到现场检查 485 或 ZigBee 线路。用户单击节点时将发出一个 URL 请求,Nginx 服务器接收到该请求,根据 URL 判断其为控制类请求,由服务分类模块将请求转发给 Java 协议转换中间件,经过协议转换后,将控制命令发送给嵌入式网关,嵌入式网关向安装在阀门处的控制节点发送指令,完成相应动作。动作执行后会有 3 种结果:控制成功,节点打开;控制成功,节点关闭;控制失败。嵌入式网关上传结果状态,经由 Java 协议转换模块发送回 Nginx 服务器,由服务分类模块对响应进行过滤,并转发给应用服务处理框架,由 Django 应用程序生成图形化响应。

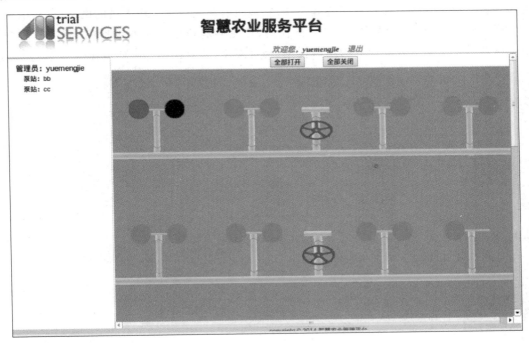

图 12.11　远程控制和实时监测模块

12.5　应用价值

智慧农业是当前农业领域的热门话题,而随着农业物联网技术的发展,各种智慧农业解决方案也开始运用到了农业生产中,而智慧农业解决方案的应用价值主要体现在以下几个方面。

(1) 采用全智能化设计,一旦设定监控条件,可完全自动化运行,不需要人工干预,同时农田信息的获取和联网还能够实现自然灾害监测预警,帮助用户实现对农业设施的精准控制和标准化管理。

（2）为农作物大田生产和温室精准调控提供科学依据，优化农作物生长环境，不仅可获得作物生长的最佳条件，提高产量和品质，同时可提高水资源、化肥等农业投入品的利用率和产出率。

（3）全面实现农业信息的即时传输与实时共享。可以将生产现场采集到的传感数据及图像信息显示出来，使生产管理人员随时随地通过手机查看监控数据。

（4）保障农产品和食品安全。在农产品和食品流通领域，集成应用电子标签、条形码、传感器网络、移动通信网络和计算机网络等农产品和食品追溯系统，可实现农产品和食品质量跟踪、溯源和可视数字化管理，对农产品从田头到餐桌、从生产到销售全过程实行智能监控。

智慧农业解决方案是解决中国农业发展瓶颈问题的良好选择，用现代互联网技术、云计算技术、物联网技术、大数据分析技术服务农业产业，通过农业信息化综合服务平台、农业物联网综合支撑平台等农业信息服务客户端，实现政府涉农机关工作人员的网络办公、执法及对生产经营的指导，实现农民对大田、畜牧场、鱼塘等农业生产经营场所的远程"管理—控制—运营"，切实实现农业产业的高科技化、高智能化、高效益化和高回报化。

参 考 文 献

[1]　刘立栋,丁康健,唐友.浅析物联网技术与应用[J].电子制作,2013,(11)：144.

[2]　侯思华.我国物联网产业发展水平的综合评价及趋势研究[D].长沙：湖南大学,2015.

[3]　唐前进.物联网产业发展现状与发展趋势[J].中国安防,2010,(6)：17-20.

[4]　工信部.推动车联网等重点领域物联网规模应用[J].电子技术与软件工程,2016,(22)：1.

[5]　蒋科,俞建峰.物联网在十大重点领域中的应用前景[J].物联网技术,2012,(10)：81-83.

[6]　许建武.物联网核心技术的专利主体测度及其发展对策[D].大连：大连理工大学,2013.

[7]　林德根,梁勤欧.云 GIS 的内涵与研究进展[J].地理科学进展,2012,(11)：1519-1528.

[8]　闫沫.ZigBee 协议栈的分析与设计[D].厦门：厦门大学,2007.

[9]　王运圣.基于 RFID 技术的食用菌工厂化生产管理系统方案[J].农业工程学报,2008,(S2)：206-210.

[10]　王淑芳,张喜平.黄羊滩农产葡萄滴灌自动控制系统的设计搭建之研究[J].现代经济信息,2015,(22)：310-311.

[11]　荆宇.基于 ZigBee 与 TCP 的物联网网关设计[D].哈尔滨：哈尔滨理工大学,2013.

图书资源支持

感谢您一直以来对清华版图书的支持和爱护。为了配合本书的使用,本书提供配套的资源,有需求的读者请扫描下方的"书圈"微信公众号二维码,在图书专区下载,也可以拨打电话或发送电子邮件咨询。

如果您在使用本书的过程中遇到了什么问题,或者有相关图书出版计划,也请您发邮件告诉我们,以便我们更好地为您服务。

我们的联系方式:

地　　址:北京海淀区双清路学研大厦 A 座 707

邮　　编:100084

电　　话:010－62770175－4604

资源下载:http://www.tup.com.cn

电子邮件:weijj@tup.tsinghua.edu.cn

QQ:883604(请写明您的单位和姓名)

用微信扫一扫右边的二维码,即可关注清华大学出版社公众号"书圈"。

资源下载、样书申请

书圈